V

TRAITÉ
DE LA CONDUITE ET DE LA DISTRIBUTION
DES EAUX

PARIS. — IMPRIMÉ PAR E. THUNOT ET Cᵉ, 26, RUE RACINE.

TRAITÉ

THÉORIQUE ET PRATIQUE

DE LA CONDUITE

ET

DE LA DISTRIBUTION DES EAUX

AVEC UN ATLAS DE 47 PLANCHES

PAR

J. DUPUIT

INSPECTEUR GÉNÉRAL DES PONTS ET CHAUSSÉES

ANCIEN DIRECTEUR DU SERVICE MUNICIPAL DE LA VILLE DE PARIS

DEUXIÈME ÉDITION

revue et considérablement augmentée

ATLAS

PARIS

DUNOD, ÉDITEUR

LIBRAIRE DES CORPS IMPÉRIAUX DES PONTS ET CHAUSSÉES ET DES MINES

Quai des Augustins, 49

1865

Conduite et distribution des Eaux.

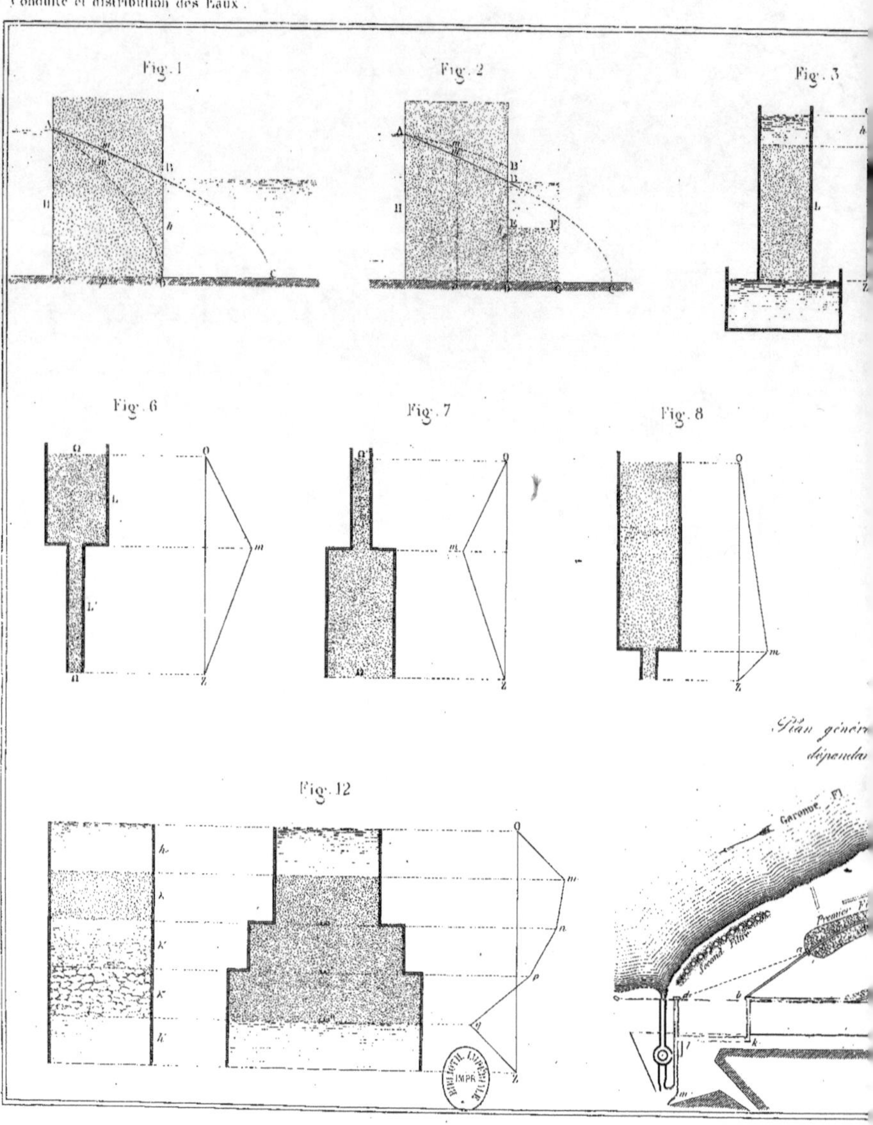

Planche 1

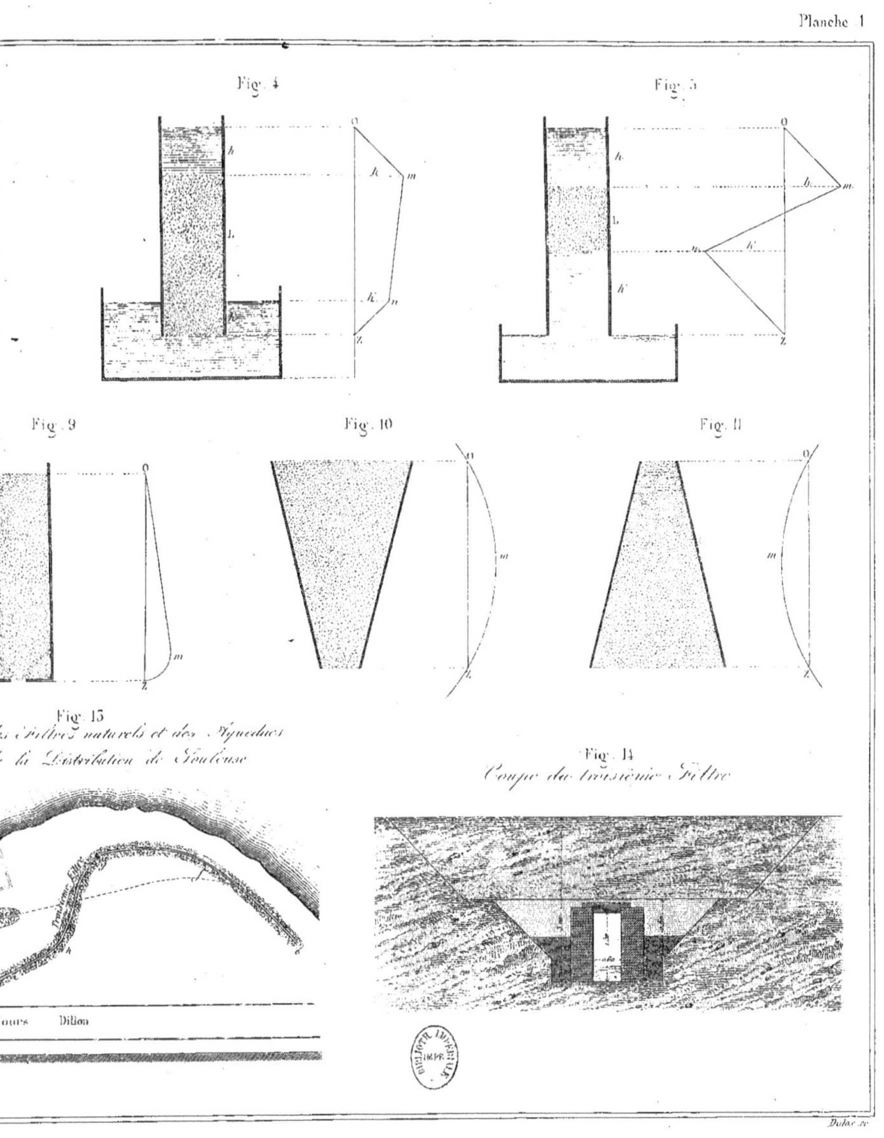

Dulos sc

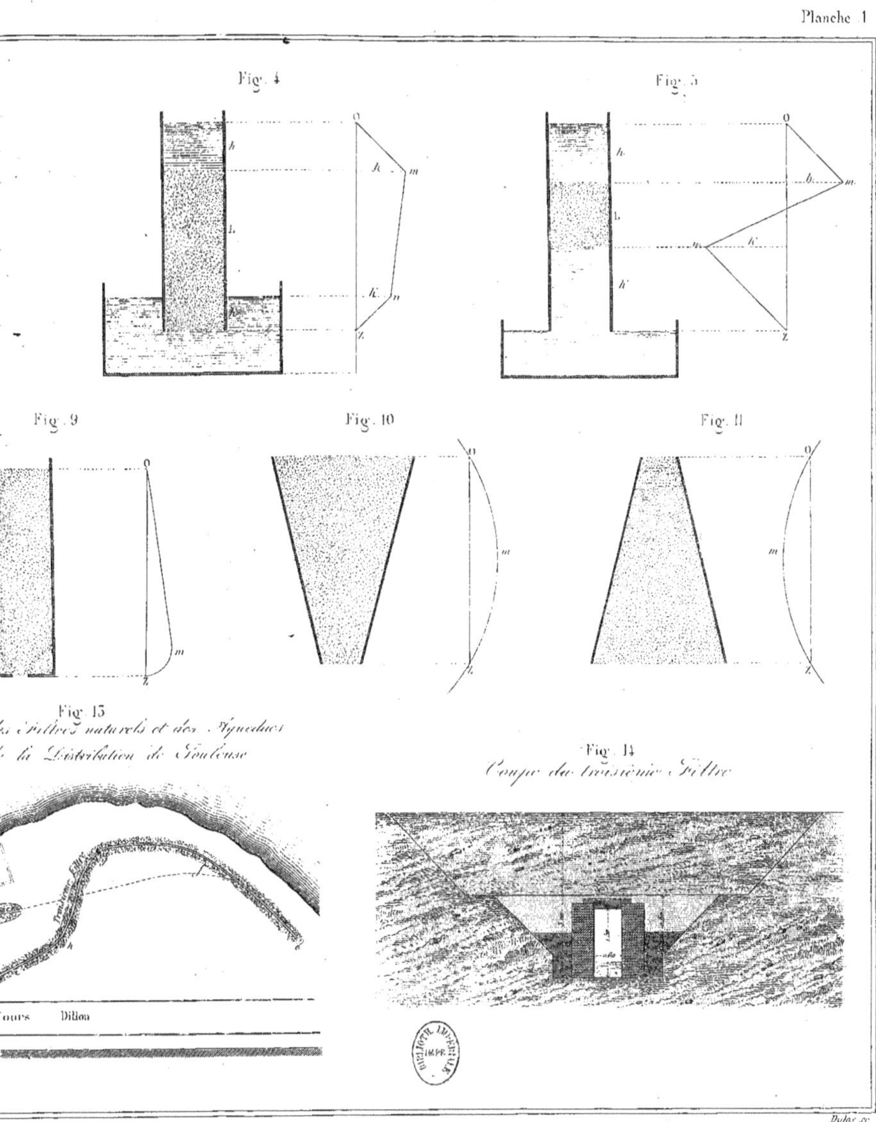
Planche 1
Fig. 4
Fig. 5
Fig. 9
Fig. 10
Fig. 11
Fig. 13
les Filtres naturels et des Aqueducs
le la Distribution de Toulouse
Cours
Dillon
Fig. 14
Coupe du troisième Filtre
Dulos sc.

Conduite et distribution des Eaux

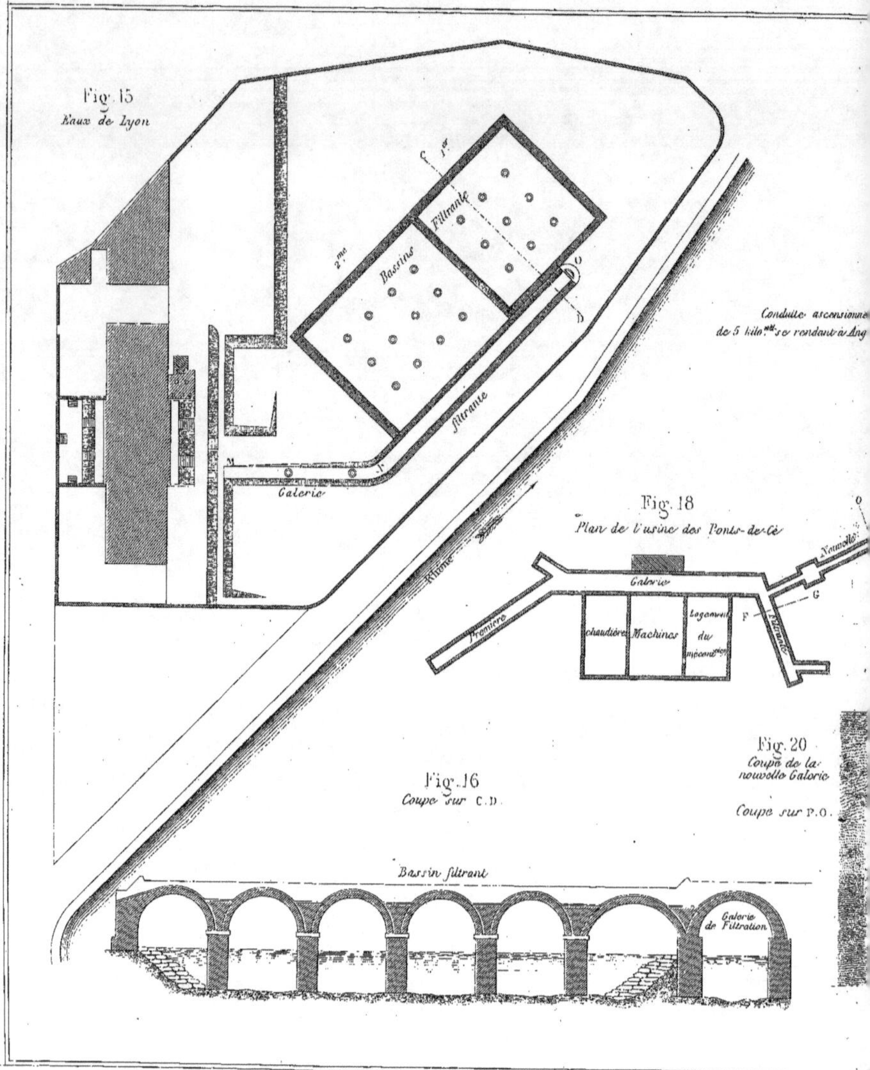

Planche 2

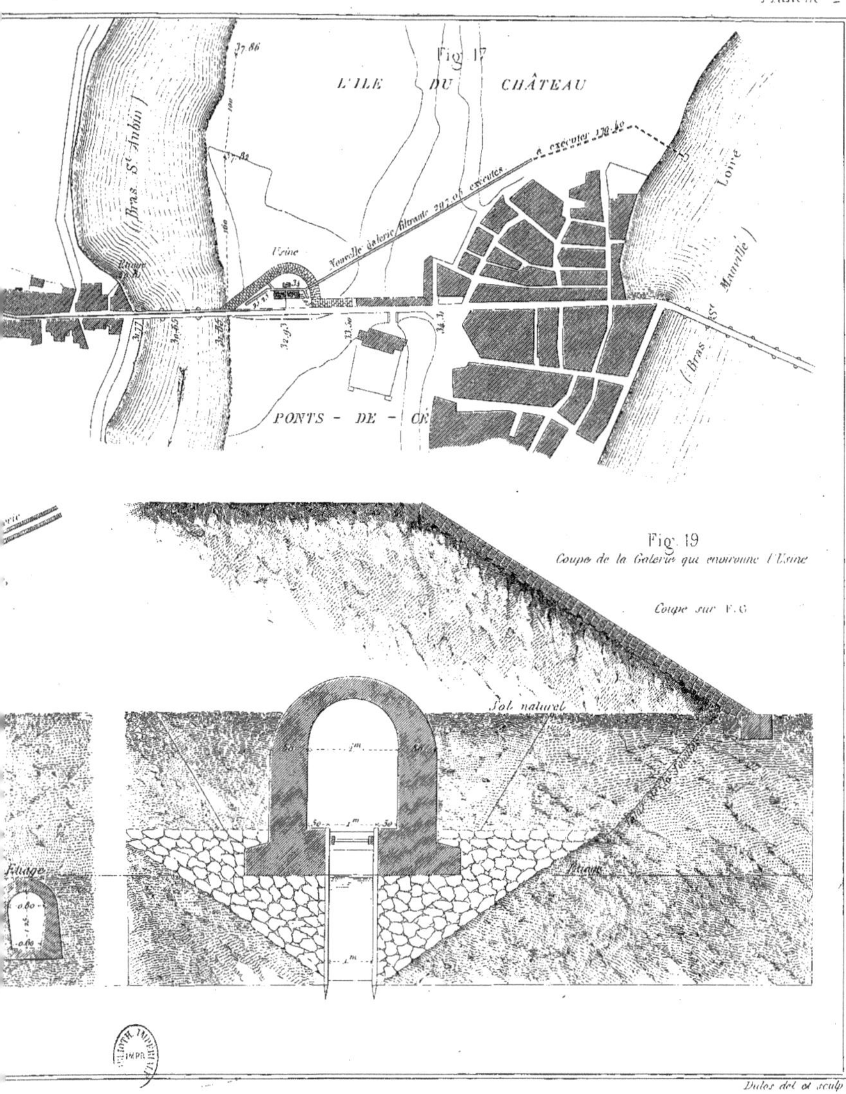

Dulos del. et sculp.

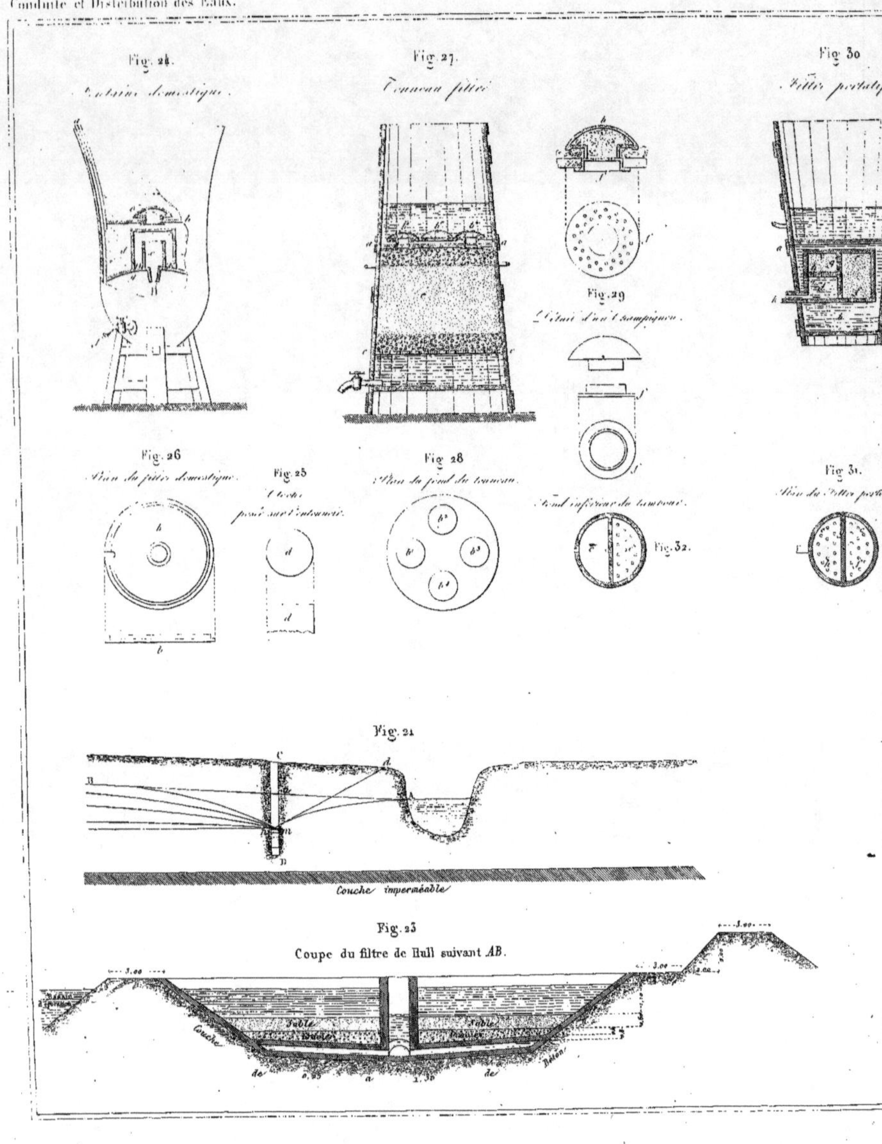
Fig. 24.
Fig. 27.
Fig. 30
Fig. 29
Fig. 26
Fig. 25
Fig. 28
Fig. 31.
Fig. 32.
Fig. 21
Couche imperméable
Fig. 23
Coupe du filtre de Hull suivant AB.

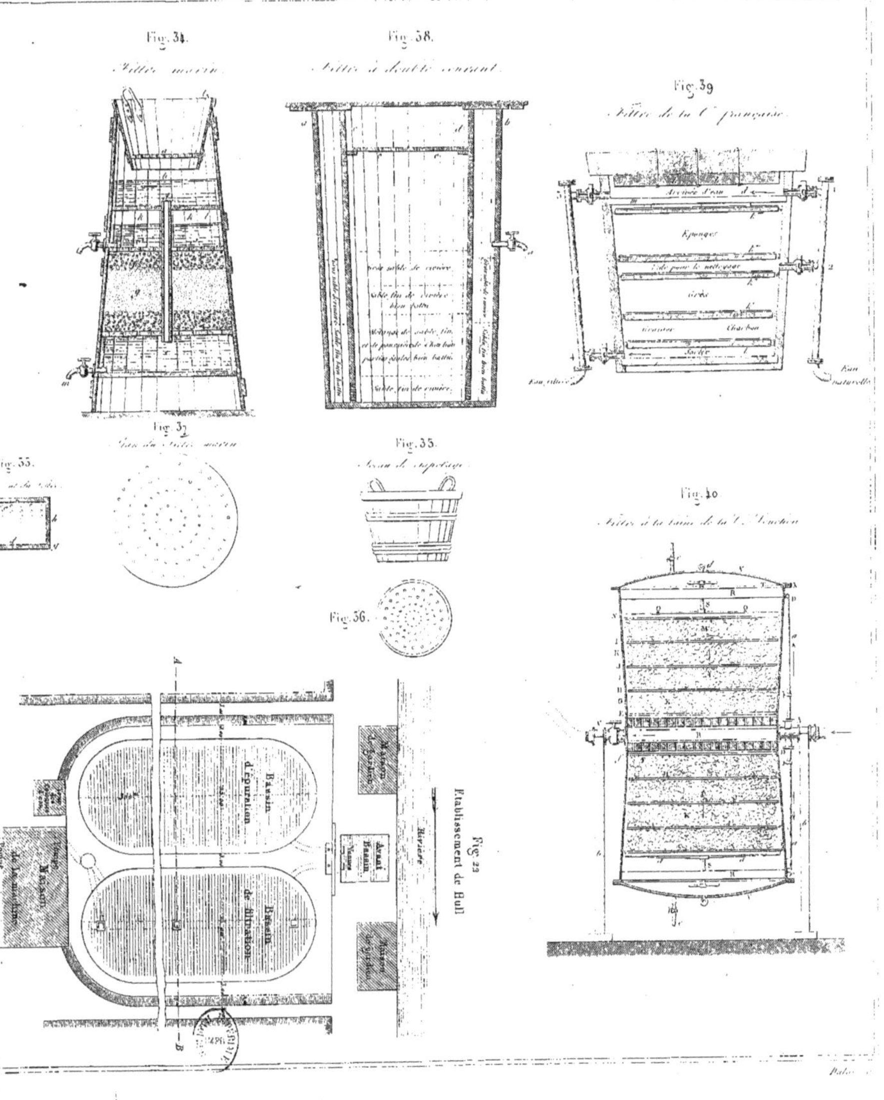
Fig. 34.
Fig. 38.
Filtre à double courant.
Fig. 39
Filtre de la Cie française.
Arrivée d'eau
Eponges
Eau filtrée
Eau naturelle
Fig. 37
Fig. 33.
Fig. 35.
Fig. 40
Fig. 36.
Fig. 22
Etablissement de Hull
Bassin d'épuration
Bassin de filtration
Rivière

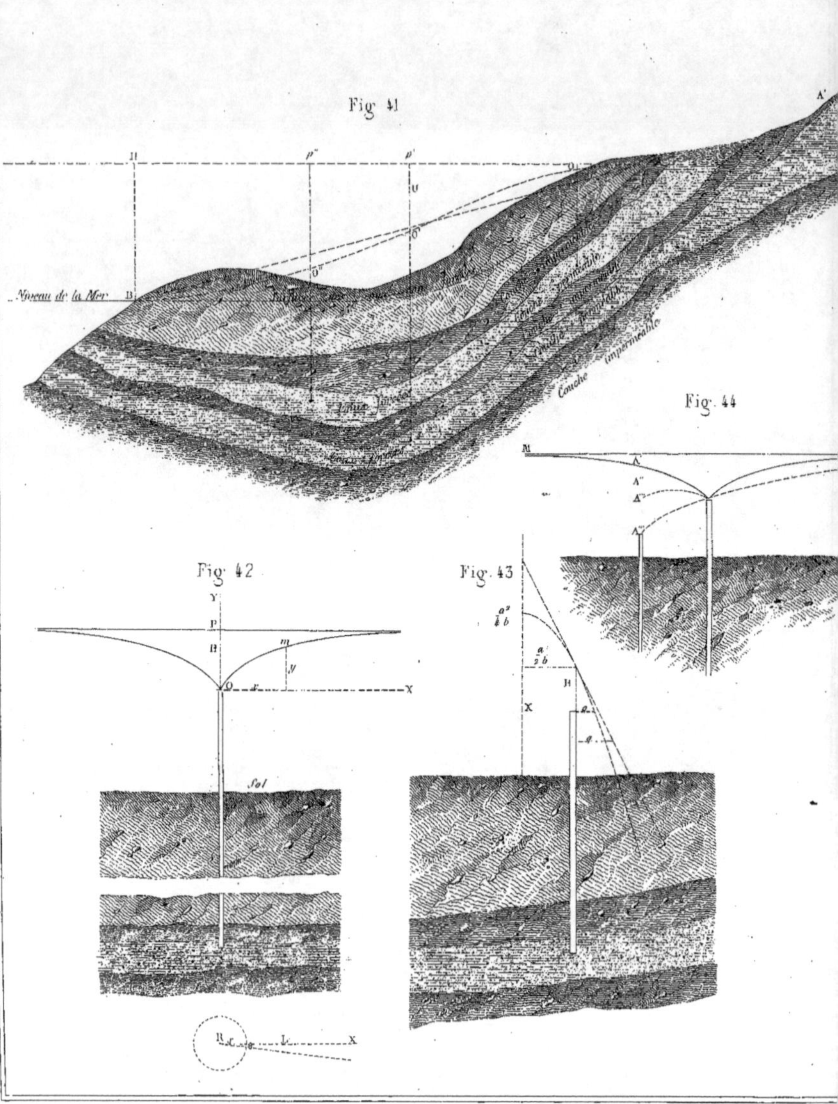
Fig. 41
Niveau de la Mer
Couche imperméable
Fig. 44
Fig. 42
Sol
Fig. 43

Planche 4

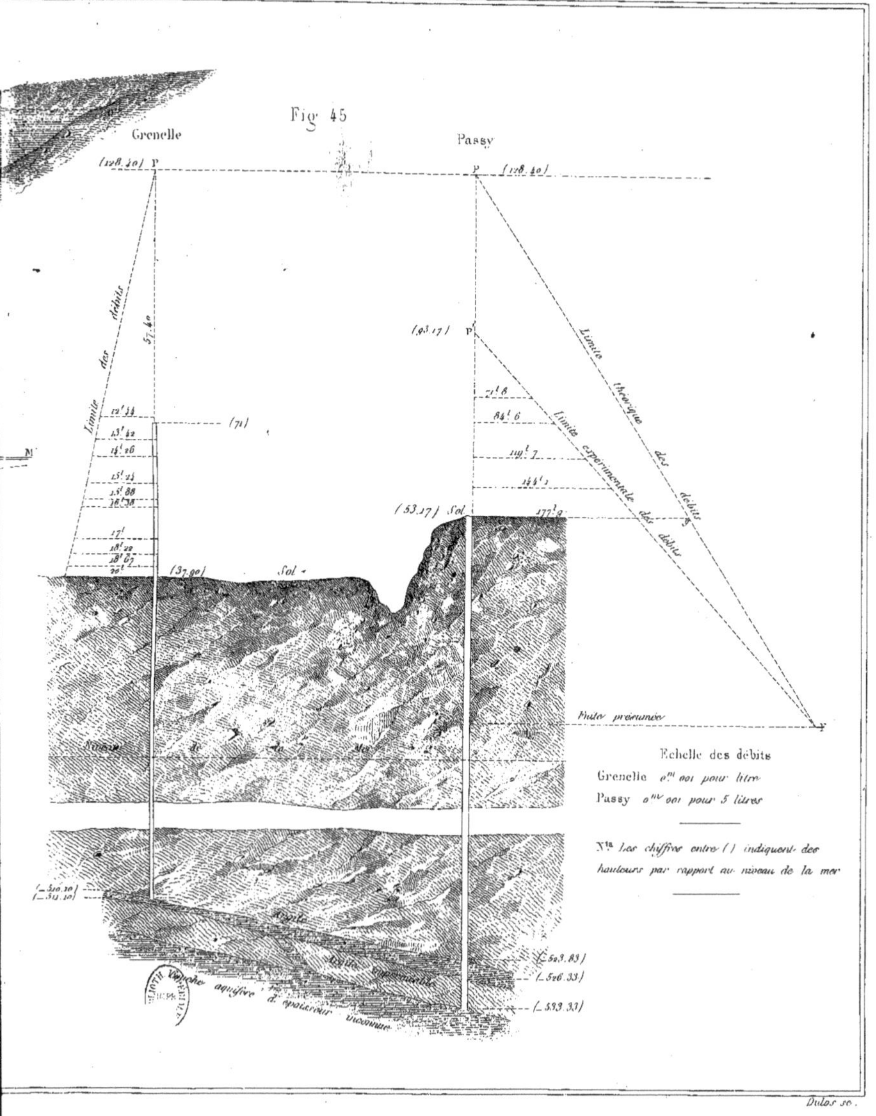

Echelle des débits
Grenelle 0m 001 pour litre
Passy 0m 001 pour 5 litres

Nta Les chiffres entre ( ) indiquent des hauteurs par rapport au niveau de la mer

Dulos sc.

Fig. 46

Fig. 47

Fig. 50

Fig. 51

Fig. 52

Fig. 55

Fig. 56

Fig. 57

Fig. 58

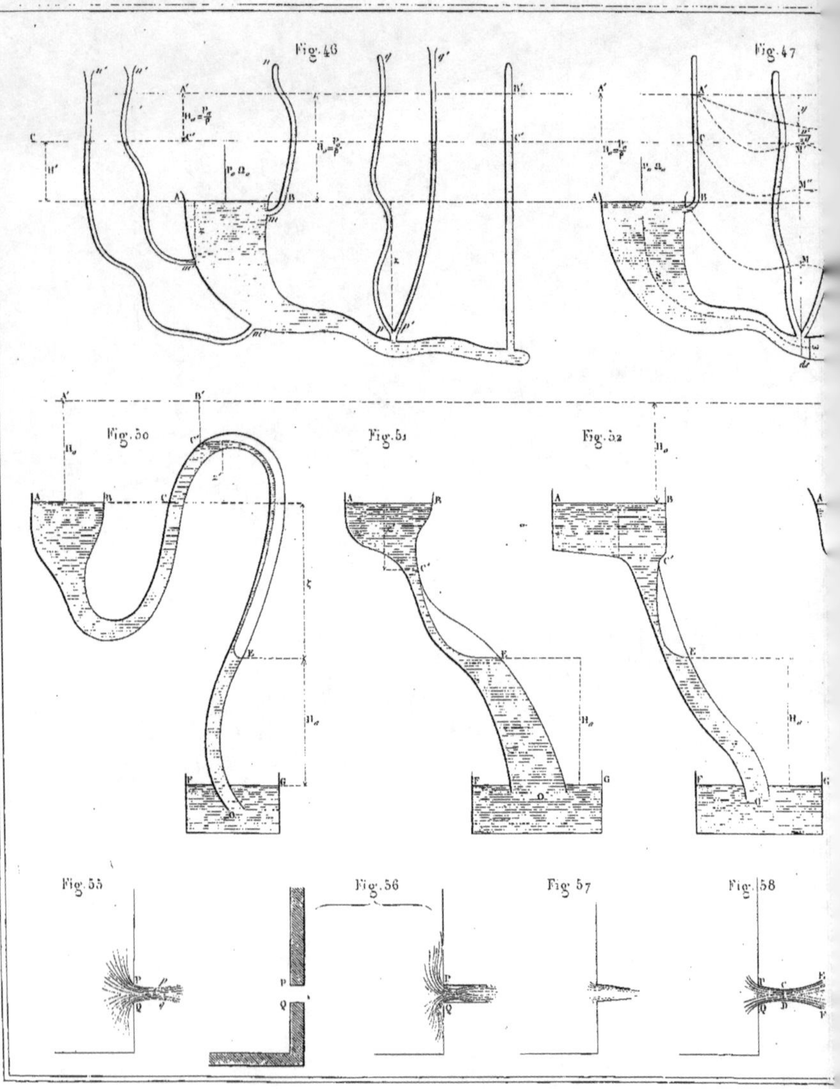

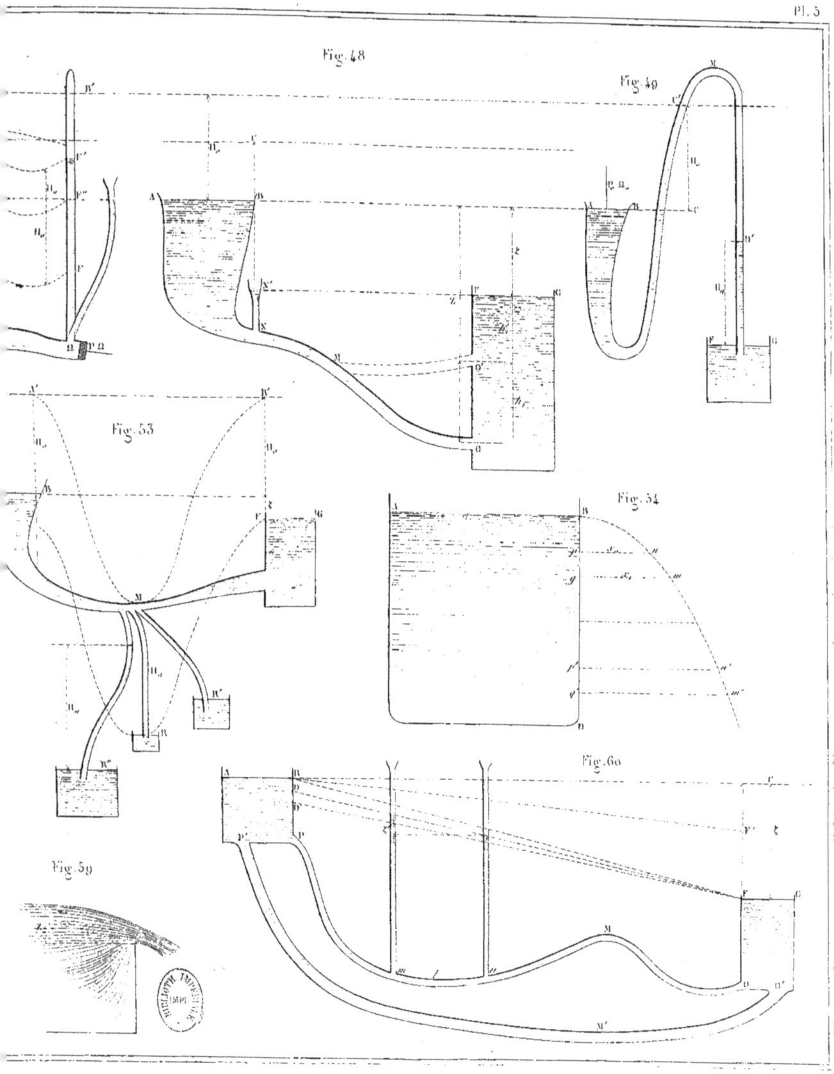

Fig. 48

Fig. 49

Fig. 53

Fig. 54

Fig. 59

Fig. 60

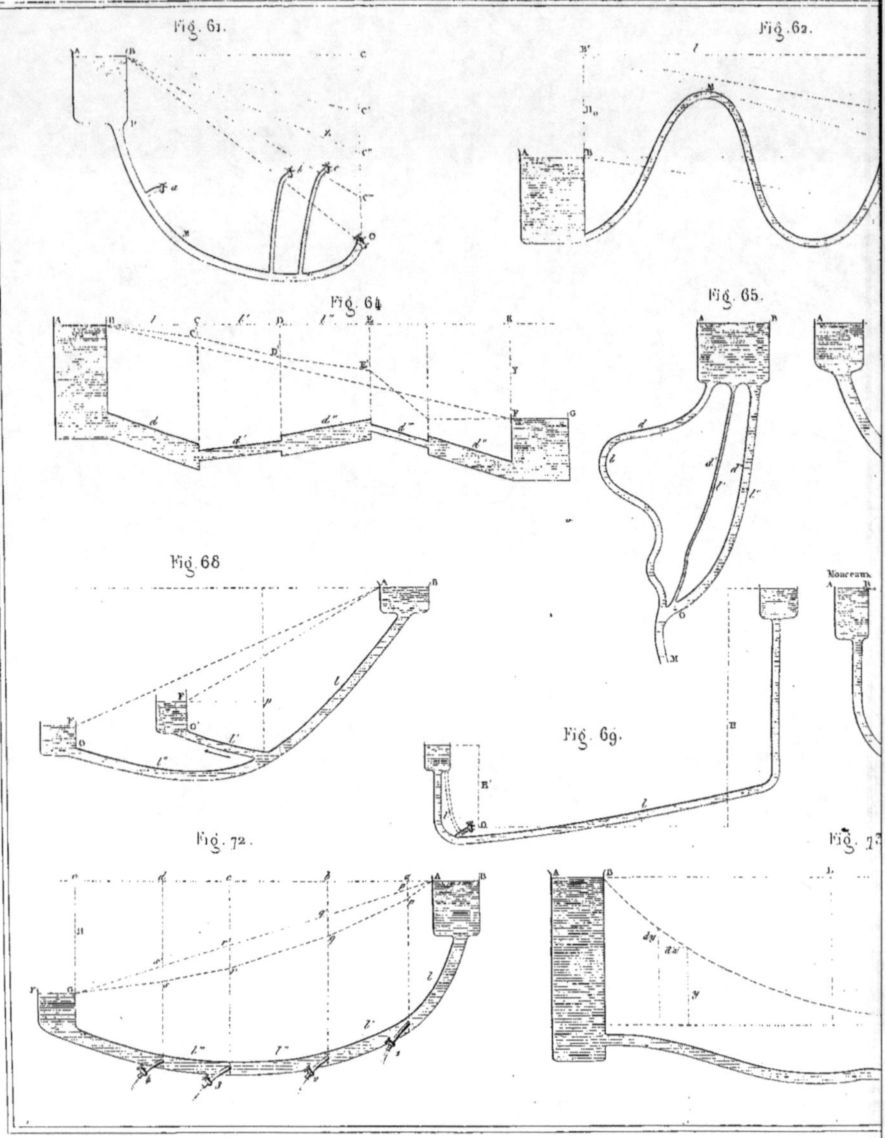

Conduite et Distribution des Eaux.

Fig. 61.

Fig. 62.

Fig. 64

Fig. 65.

Fig. 68

Fig. 69.

Fig. 72.

Fig. 73

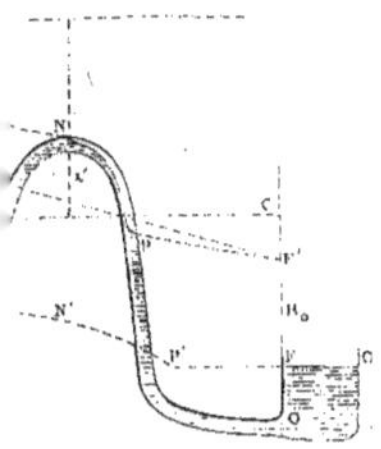

Fig. 65.

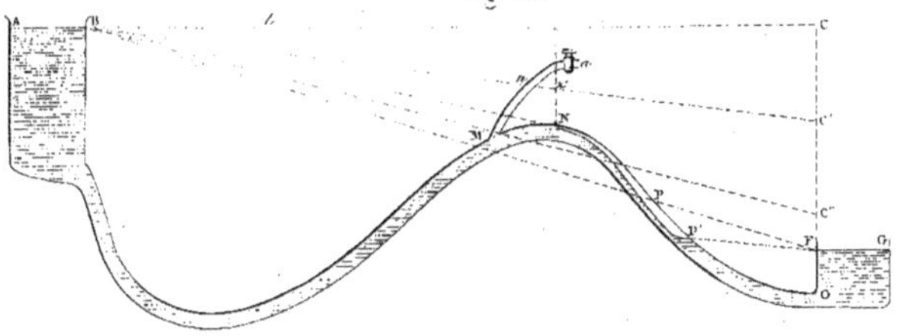

Fig. 66.

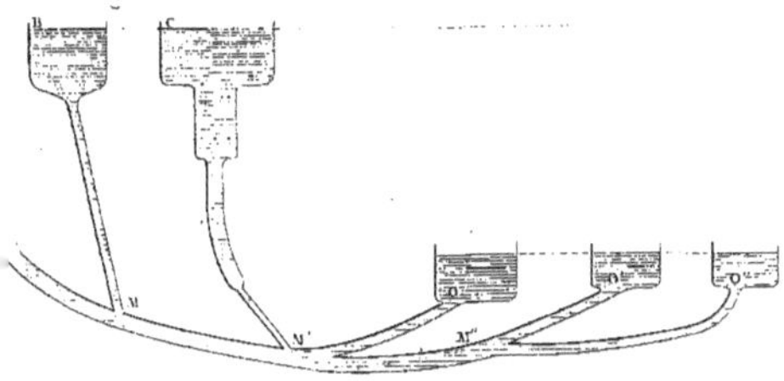

Fig. 67.

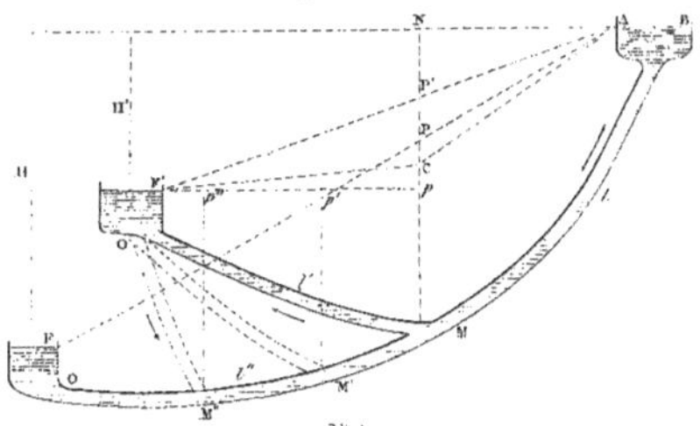

Fig. 70.

Vaugirard

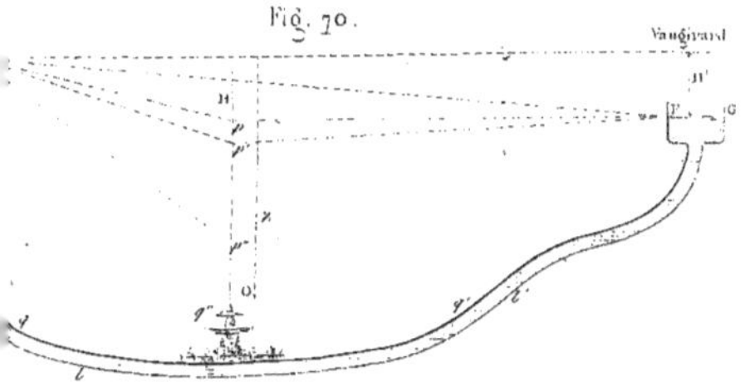

Fig. 71.

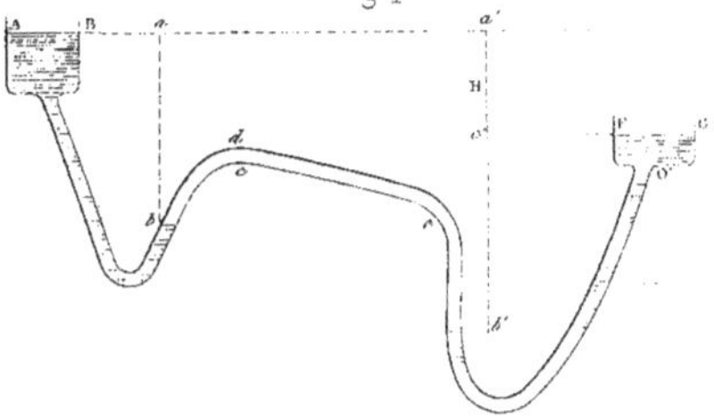

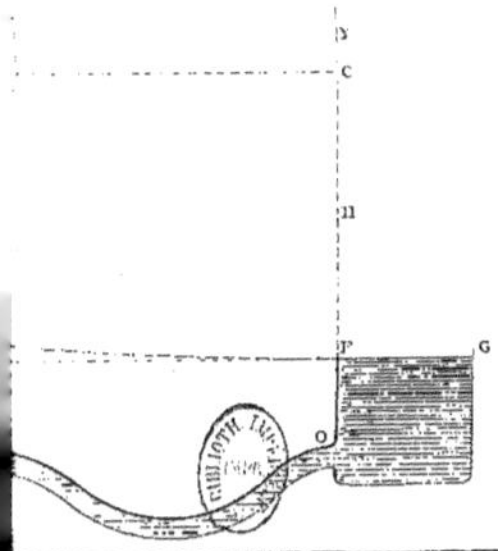

Fig. 74.

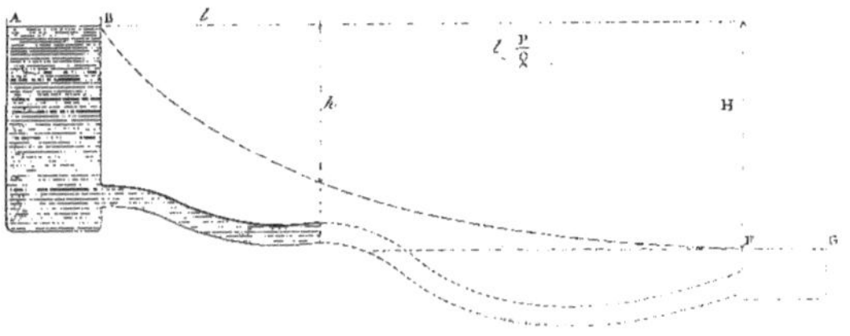

Dulos sc.

Conduite et Distribution des Eaux.

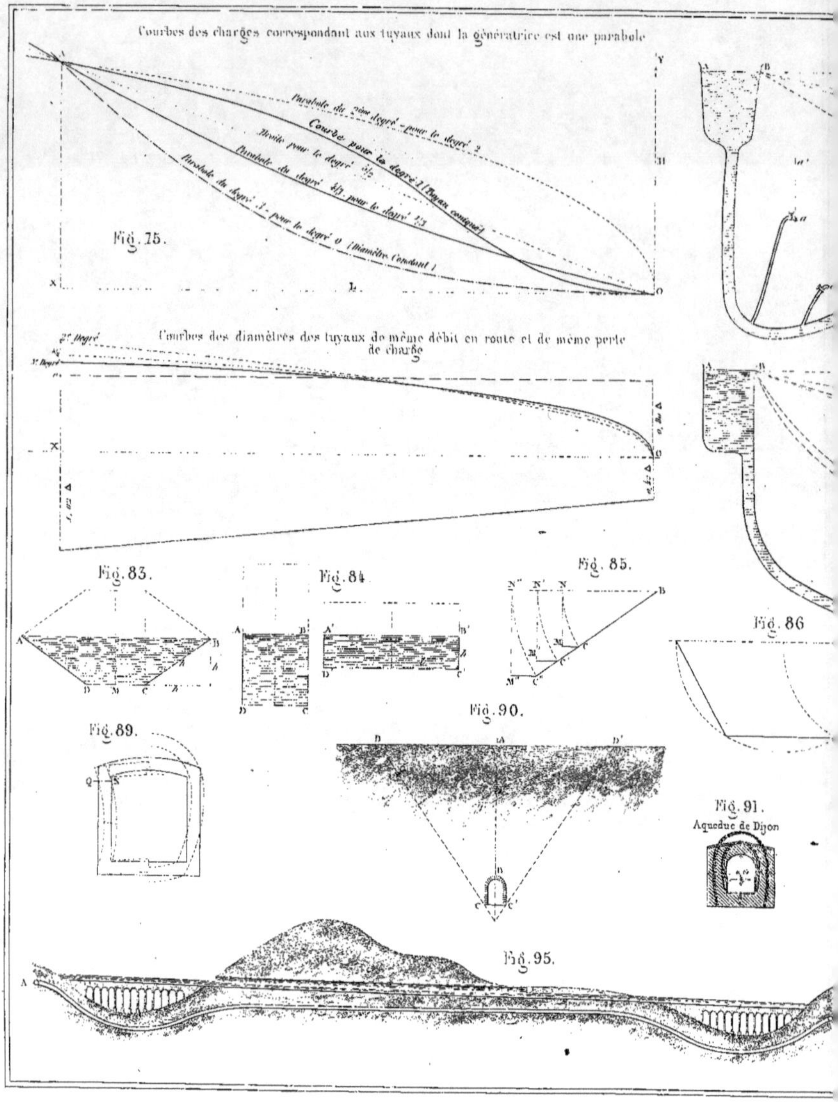

Pl. 7.

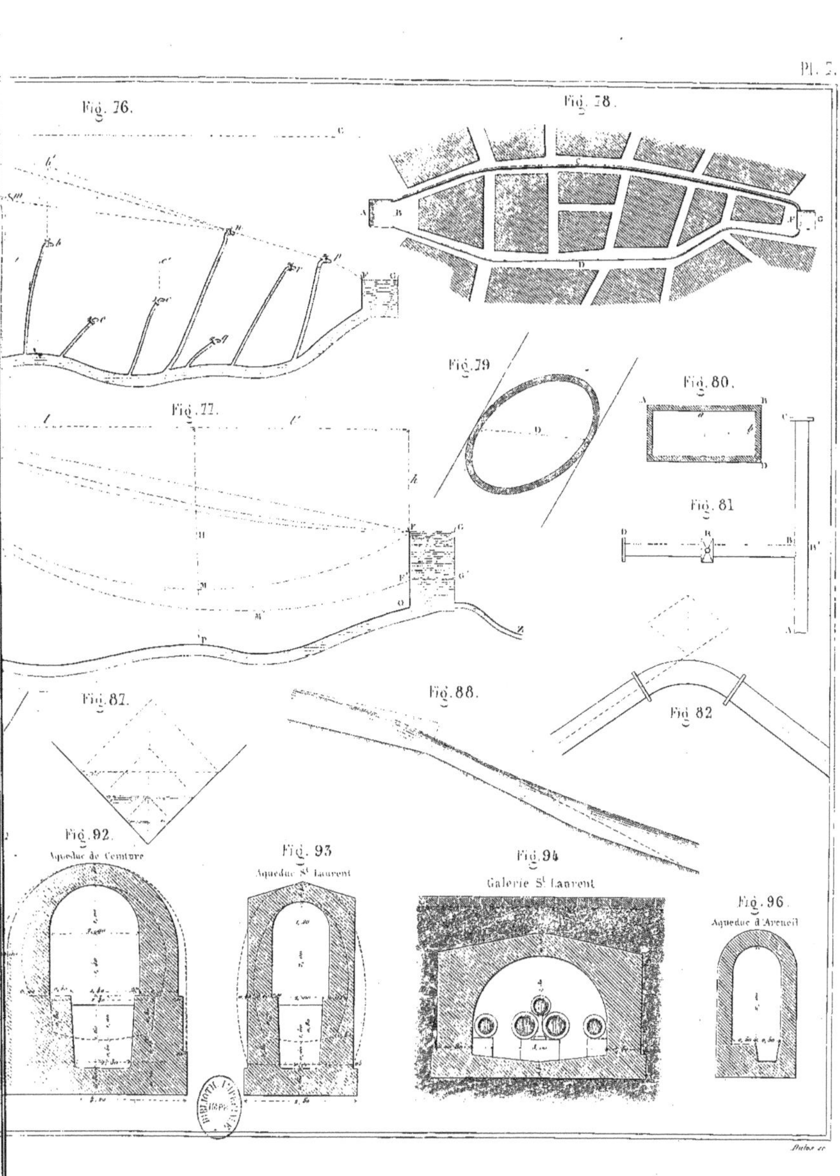
Fig. 76.
Fig. 78.
Fig. 77.
Fig. 79
Fig. 80.
Fig. 81
Fig. 82
Fig. 87.
Fig. 88.
Fig. 92.
Aqueduc de Ceinture
Fig. 93
Aqueduc St Laurent
Fig. 94
Galerie St Laurent
Fig. 96.
Aqueduc d'Arcueil

Conduite et Distribution des Eaux.

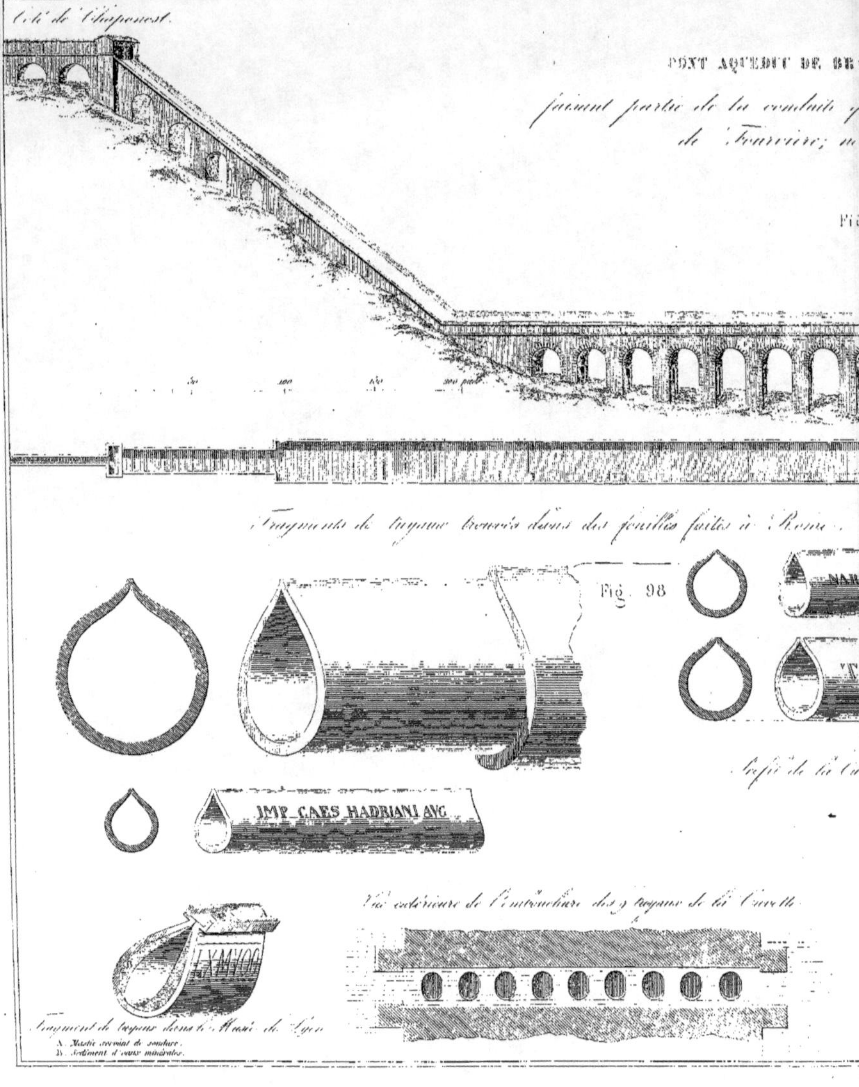

Pl. 8

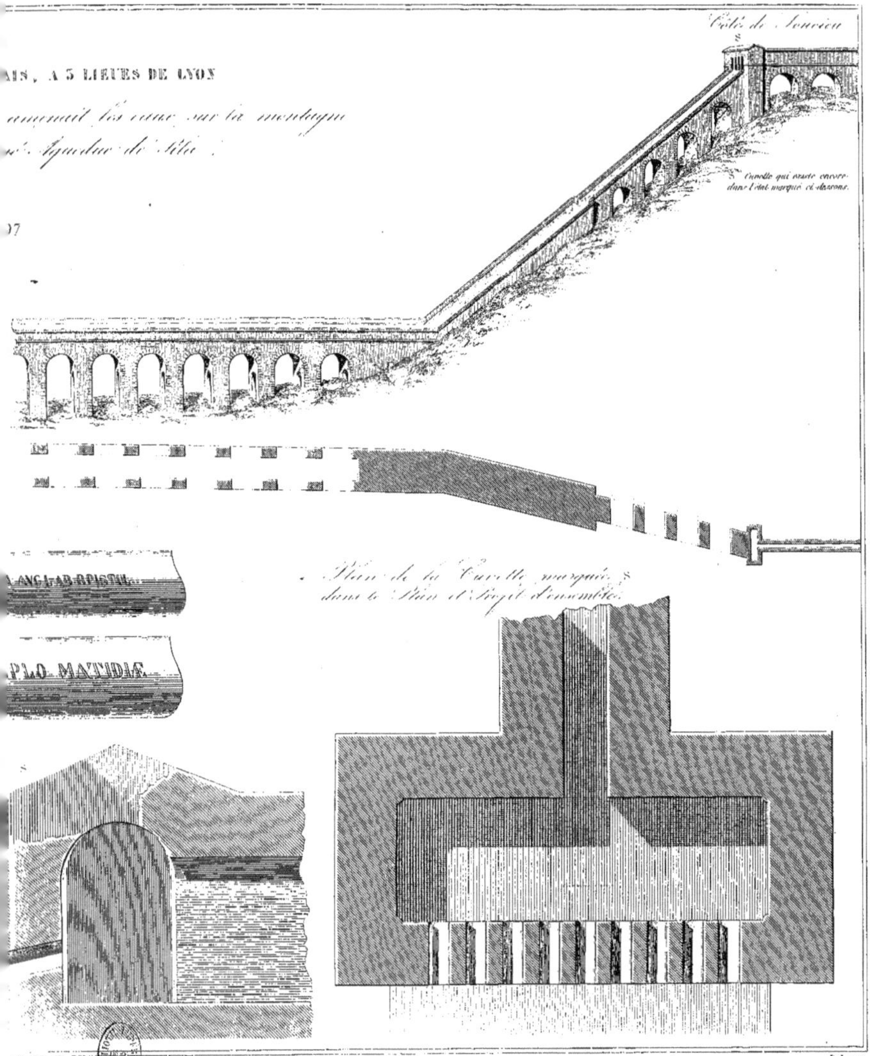

AIS, A 3 LIEUES DE LYON

amenait les eaux sur la montagne

... Aqueduc de Gier.

)7

Côté de Soucieu

8

8 Cuvette qui existe encore dans l'état marqué ci-dessous.

...A ANG.I.AB.RPISTU...

...PLO MATIDIÆ

Plan de la Cuvette marquée 8 dans le Plan et Projet d'ensemble.

Dulos sc.

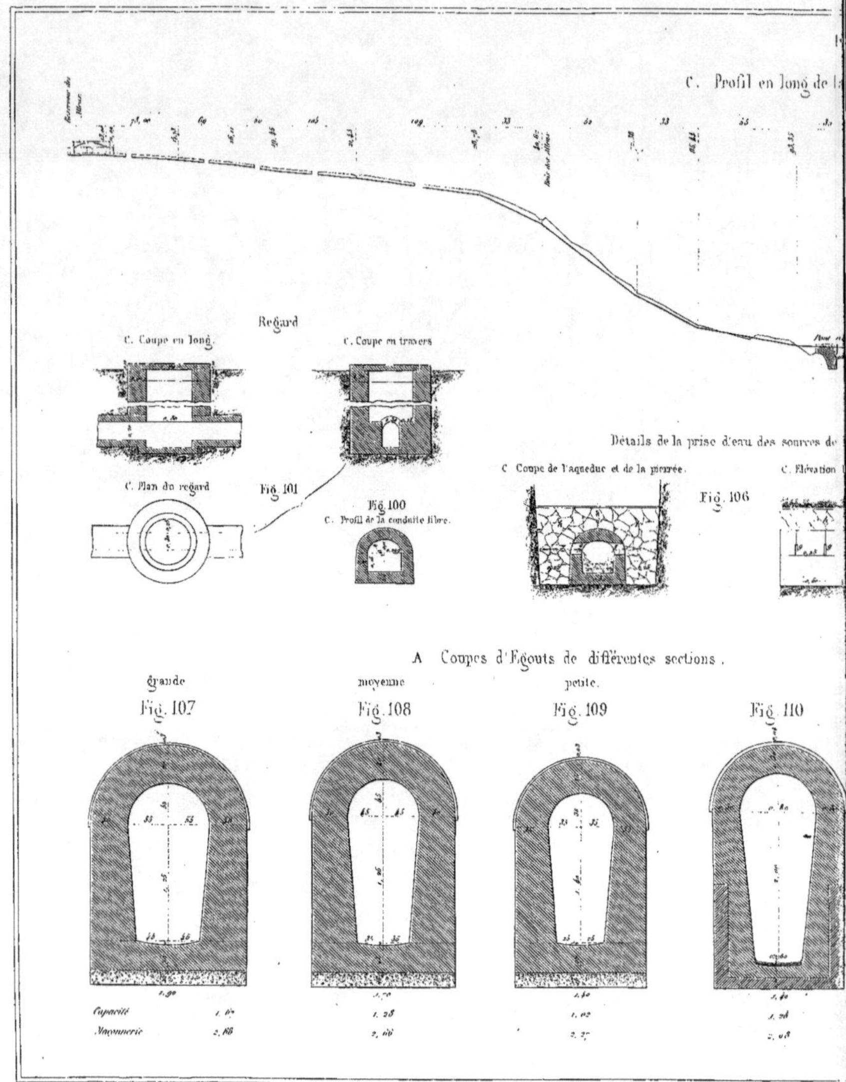
C. Profil en long de la
Regard
C. Coupe en long.
C. Coupe en travers
C. Plan du regard
Fig. 101
Fig. 100
C. Profil de la conduite libre.
Détails de la prise d'eau des sources de
C. Coupe de l'aqueduc et de la pierrée.
Fig. 106
C. Élévation
A Coupes d'Égouts de différentes sections.
grande
Fig. 107
moyenne
Fig. 108
petite.
Fig. 109
Fig. 110
Capacité
Maçonnerie

Pl. 9

99

nduite forcée d'Avallon.

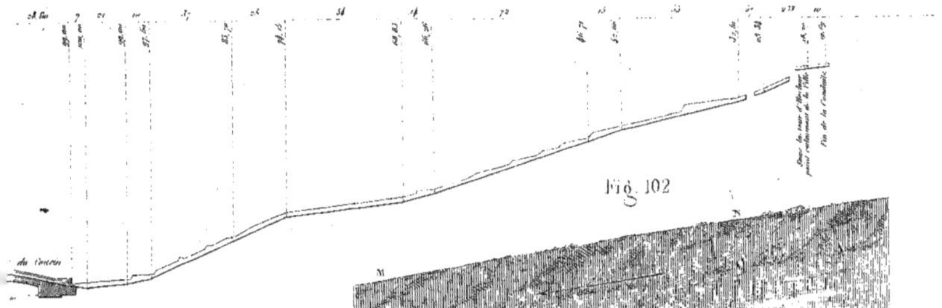

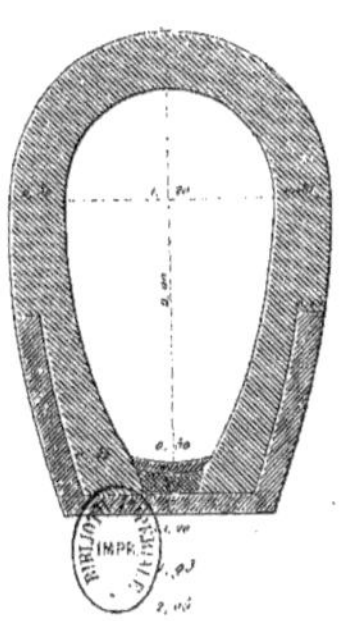

Fig. 102

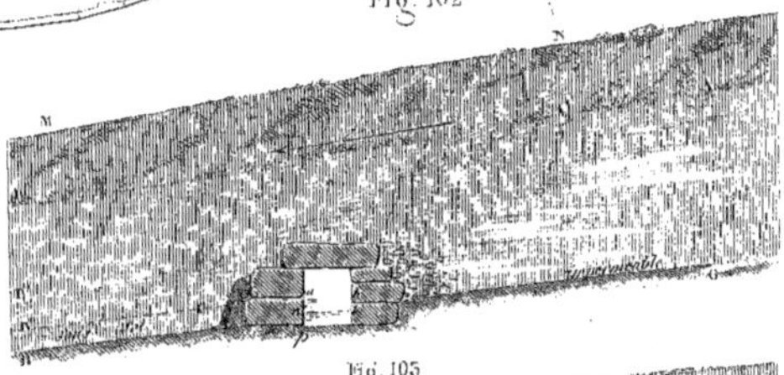

Fig. 103

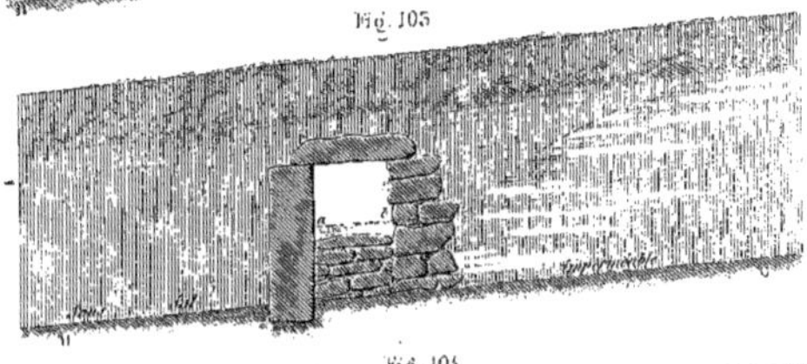

Fig. 104

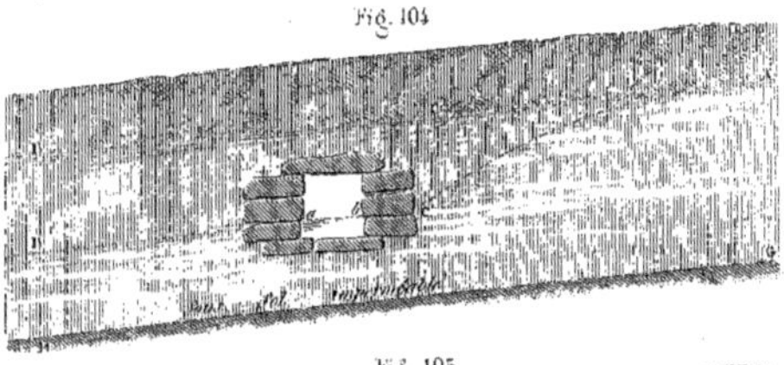

Fig. 105

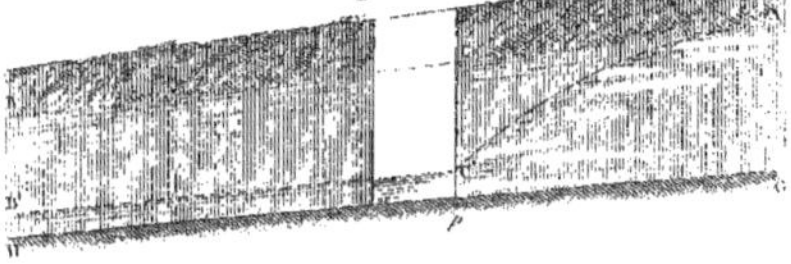

ang Minard

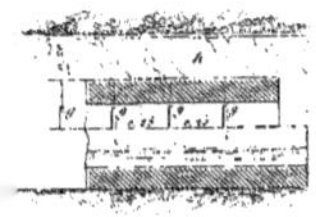

ile C Coupe en longueur

Fig. 111

SECTIONS D'ÉG

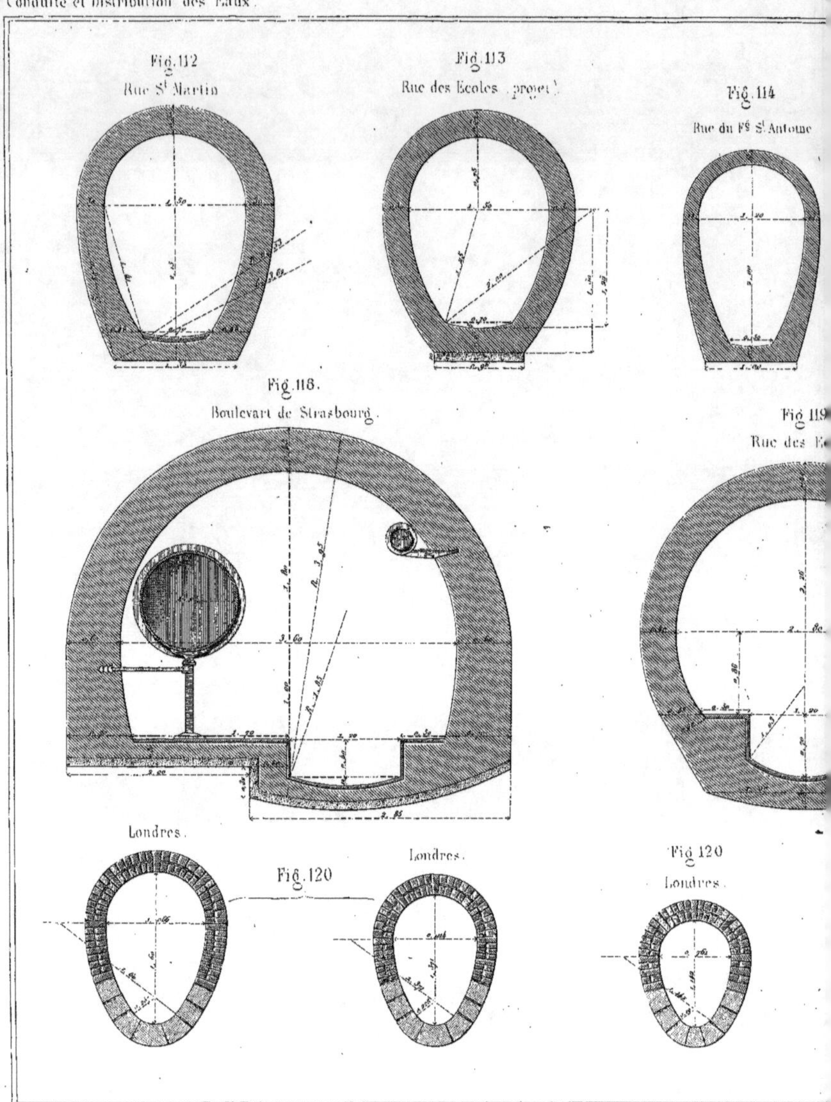

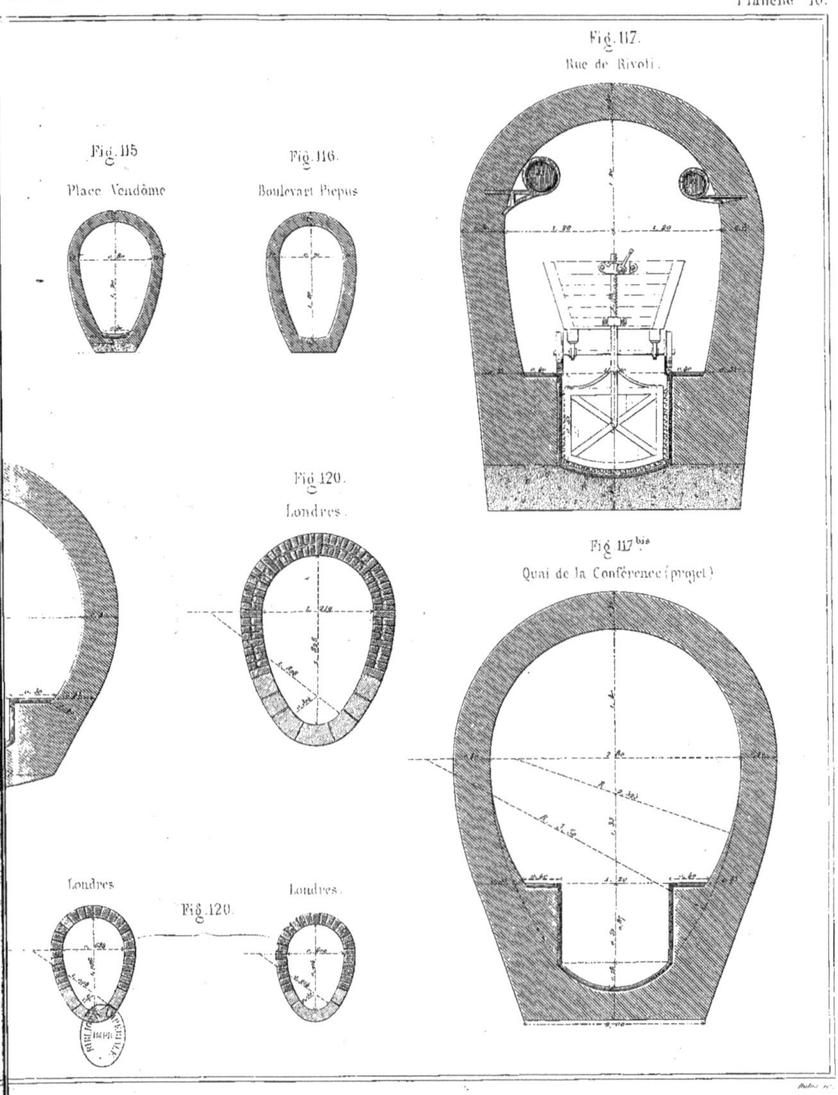
Fig. 117.
Rue de Rivoli.
Fig. 115
Place Vendôme
Fig. 116.
Boulevart Picpus
Fig. 120.
Londres.
Fig. 117 bis
Quai de la Conférence (projet)
Londres
Fig. 120.
Londres.

ÉGOUTS ET OUVRAGES D'A

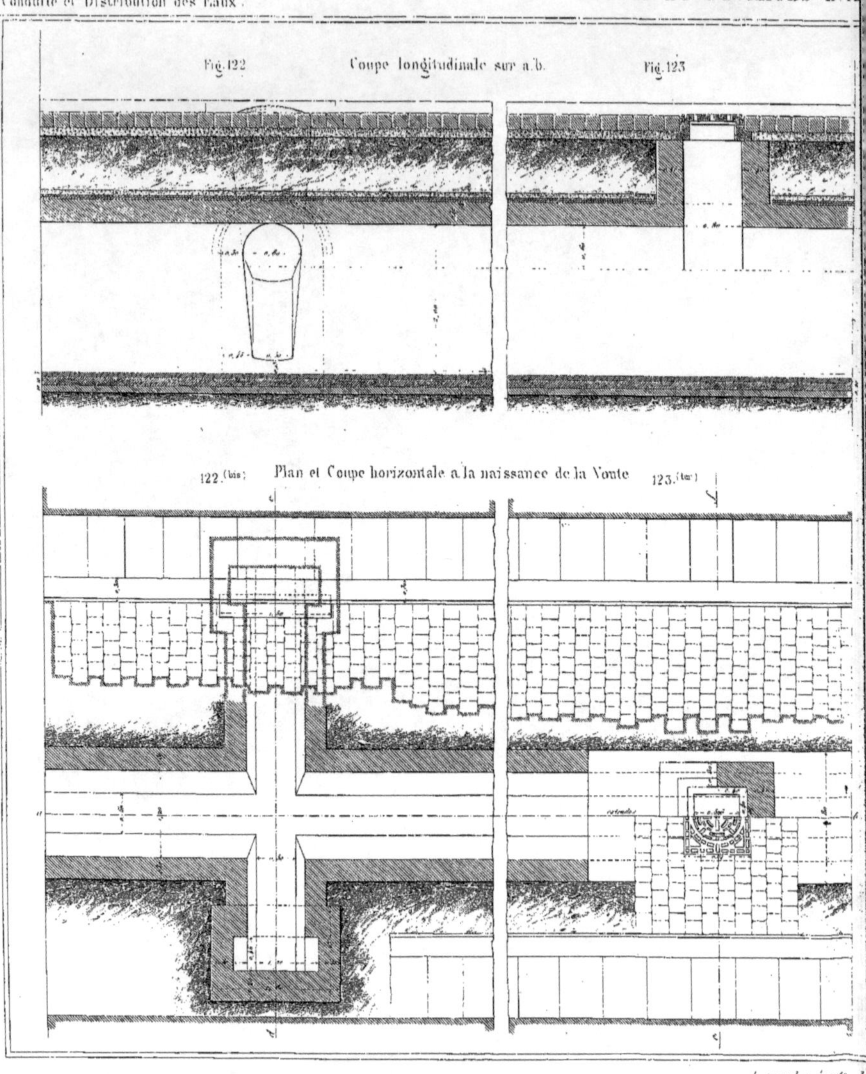

Échelles { pour les égouts de
pour les tampons

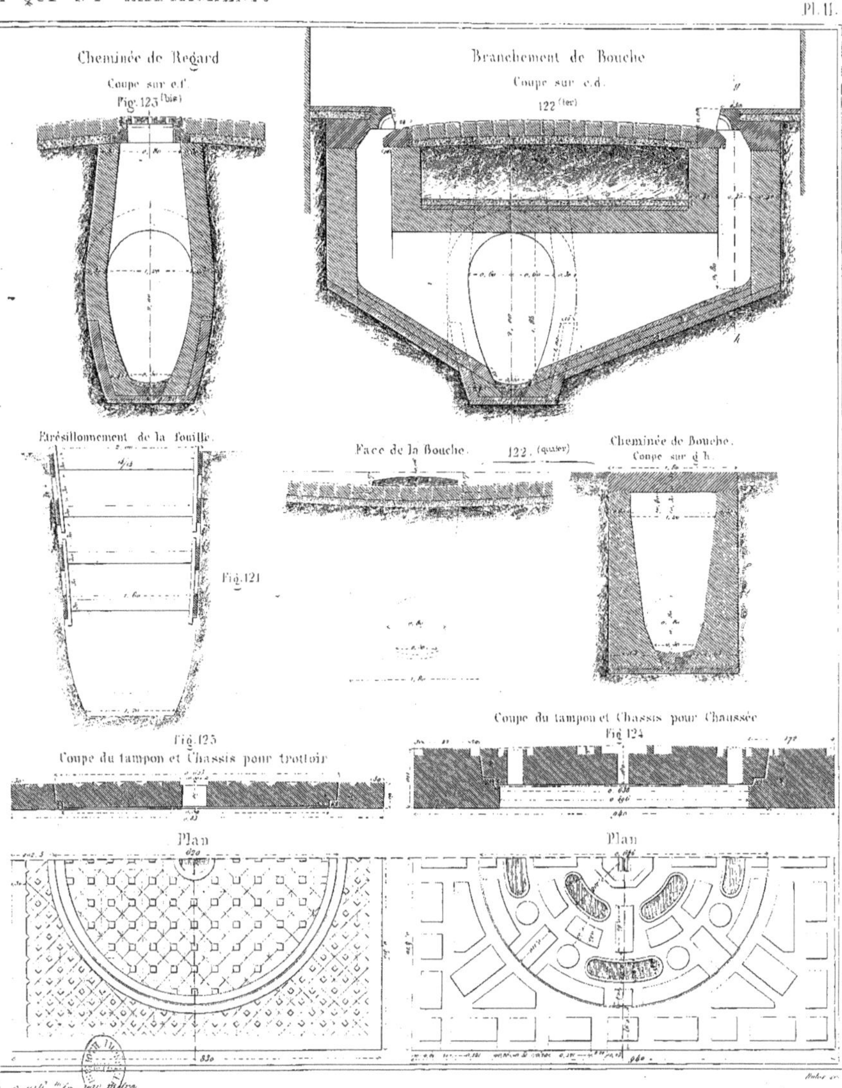

de 0,016 m par mètre
du 10me

Profil du Pont Aqueduc d'Arcueil.

Fig. 126

Profil en travers du Canal de [illegible]

Fig. 127

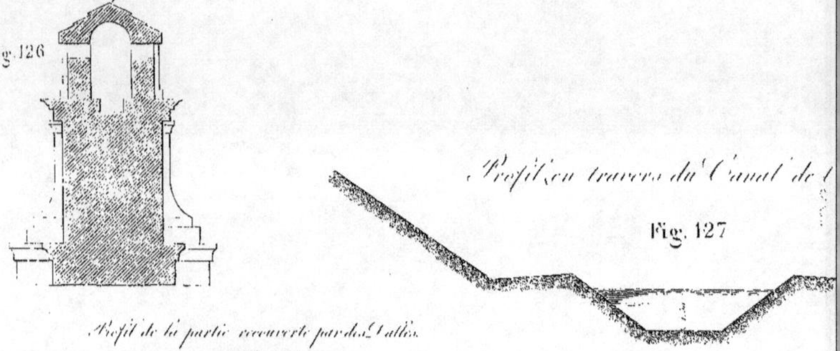

Profil de l'Aqueduc de Montpellier.

Profil de la partie recouverte par des Dalles.

Fig. 128

Profil Longitudinal.

Profil de la partie Voutée

Fig. 129

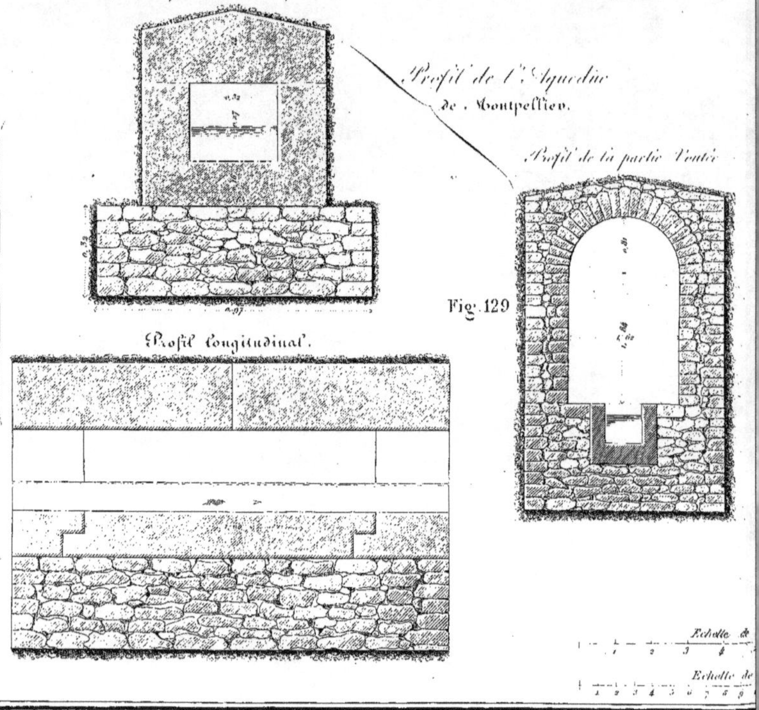
Echelle de
1 2 3 4
Echelle de
1 2 3 4 5 6 7 8 9

Dessiné par Lenique.

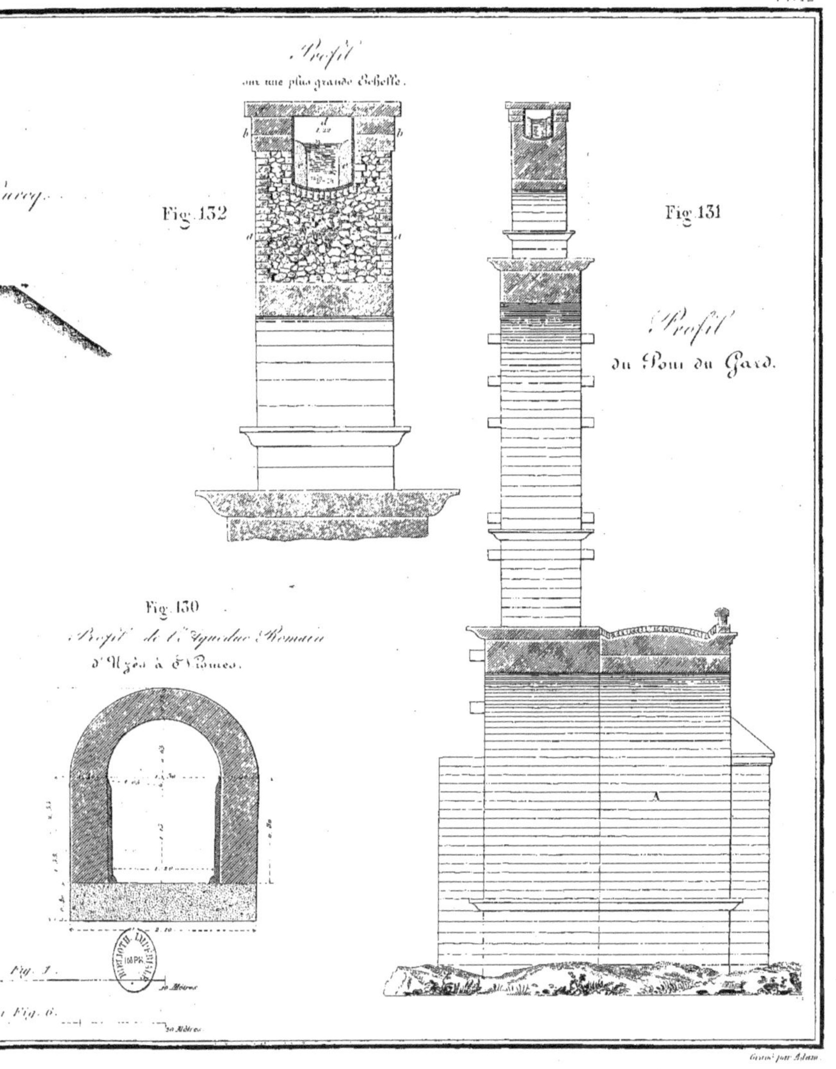

Gravé par Adam.

Conduite et Distribution des Eaux.

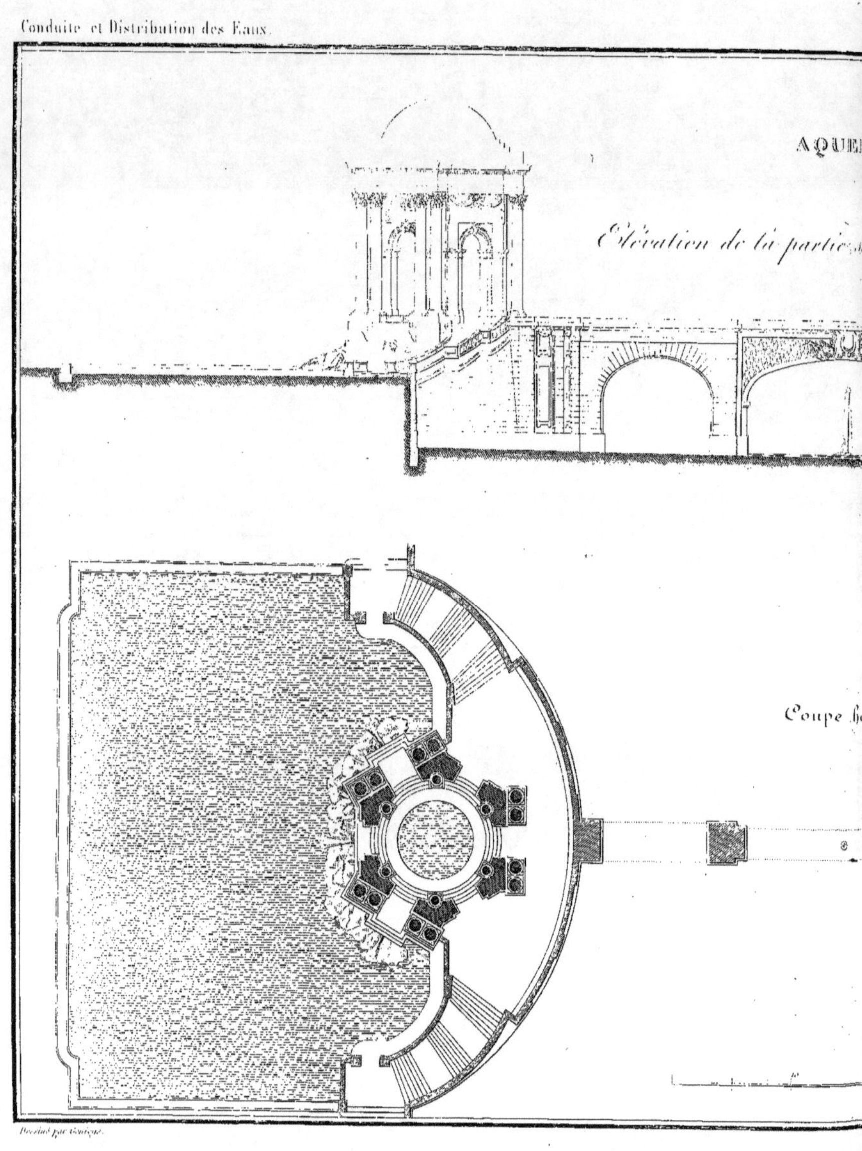

Dessiné par Gourgue.

Pl. 13

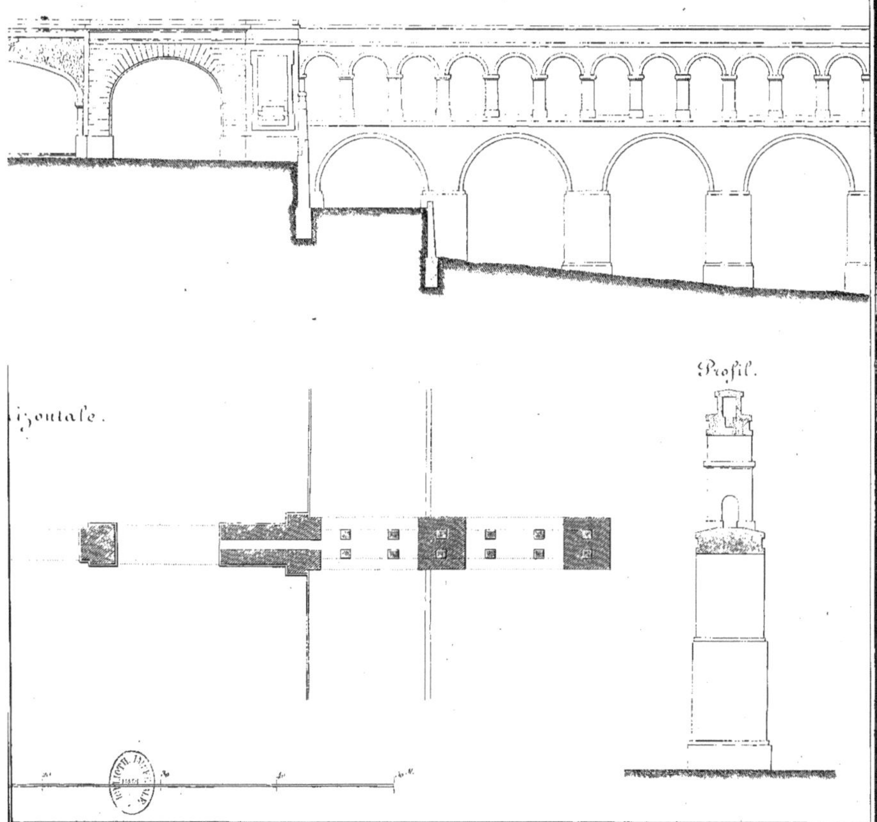

Gravé par Adam.

PONT À SYPH

Fig. 133

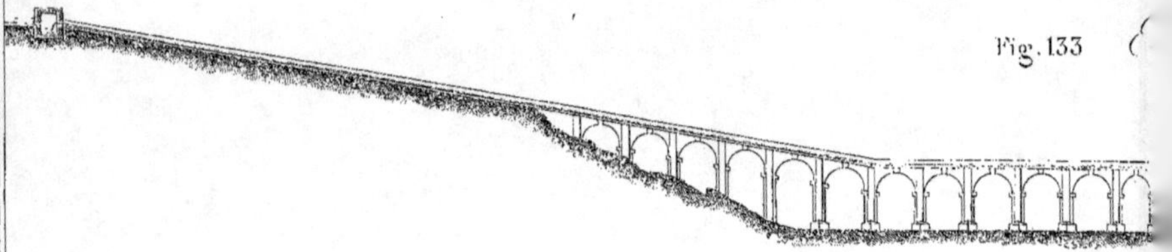

Fig. 136

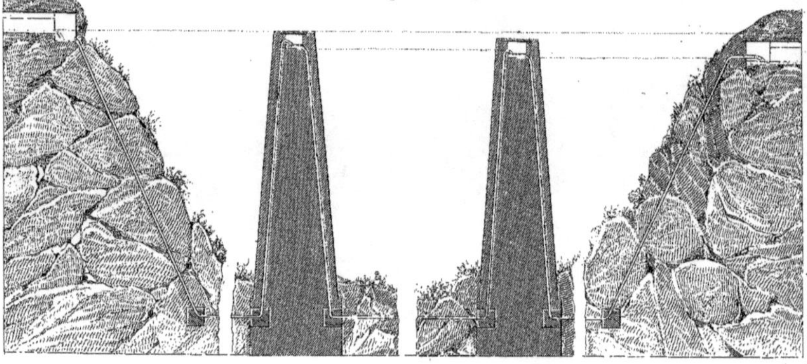

Echelle de

0 10 20 30 40 50 60 70 80 90

Dessiné par Gaulaye.

Pl. 14

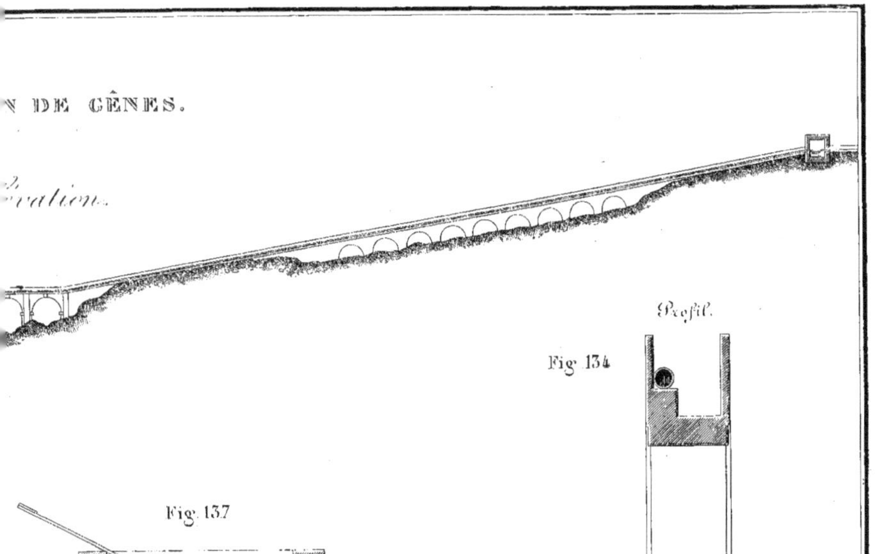

N DE GÊNES.

...vation.

Profil.

Fig. 134

Fig. 137

Plan d'une Pile.

Fig. 138

Fig. 135

...a Fig. 1.

200 Mètres.

Gravé par Adam.

Fig. 139

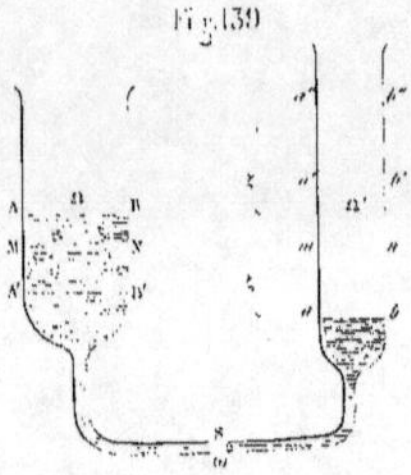

Fig. 140

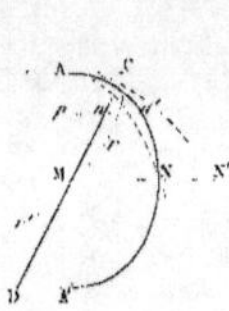

Fig. 141

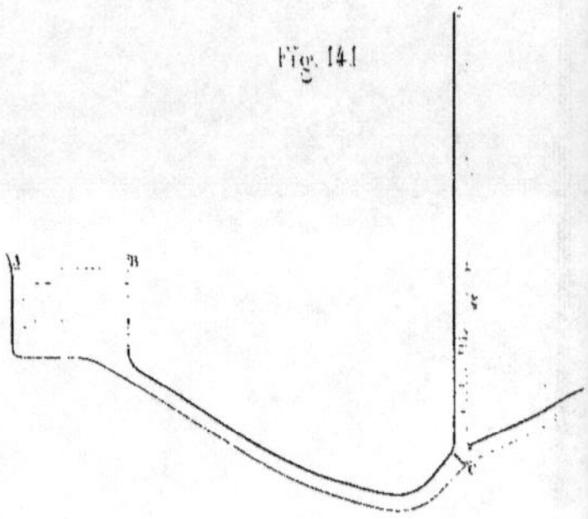

Fig. 143

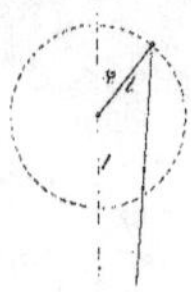

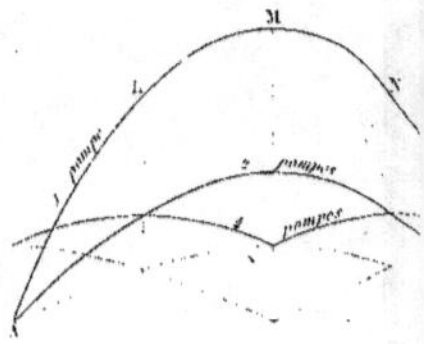

Fig. 145

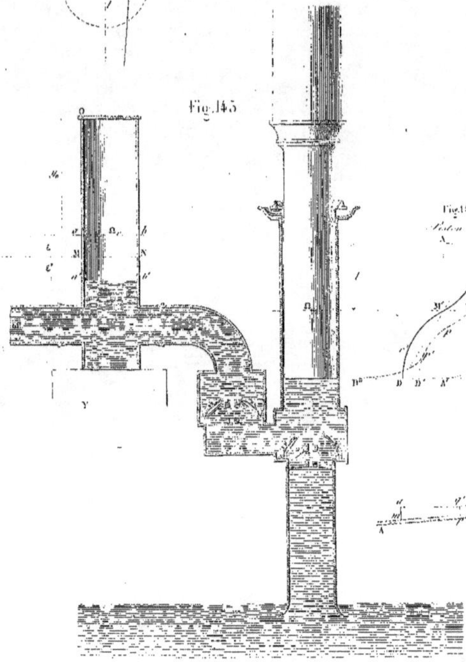

Fig. 145 bis
Piston et eau

Fig. 145 bis
Piston de vapeur

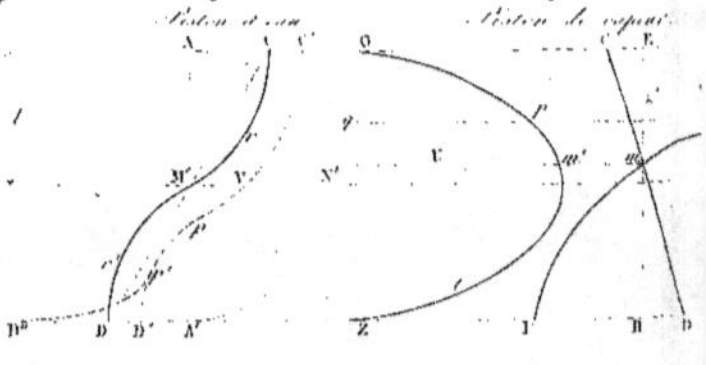

Fig. 147

Fig. 142

Fig. 149

Fig. 150

Fig. 144

2 pompes

3 pompes

Fig. 151

Fig. 148

Fig. 152

Dulos sc.

MACHINE A VAPEUR SYSTEME CORNWALL,

FONCTIONNANT DANS L'ÉTABLISSEMENT DE CHAILLOT.

Coupe de la Machine par des Plans parallèles au Balancier.

Fig. 146

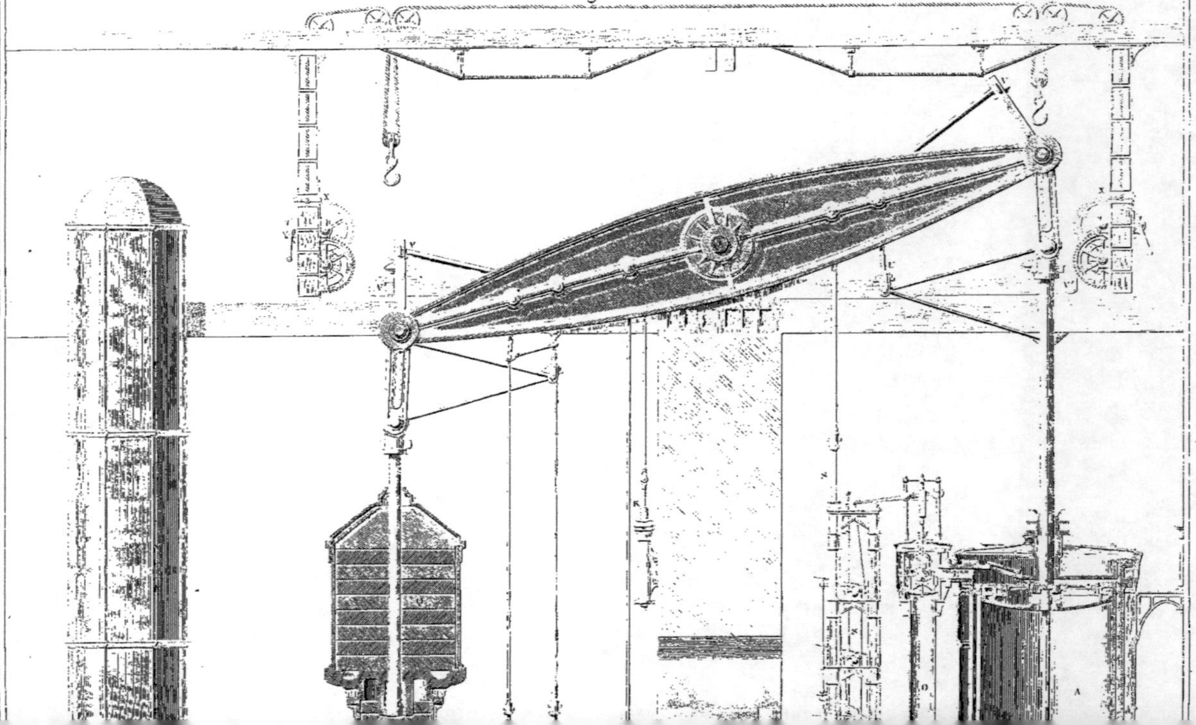

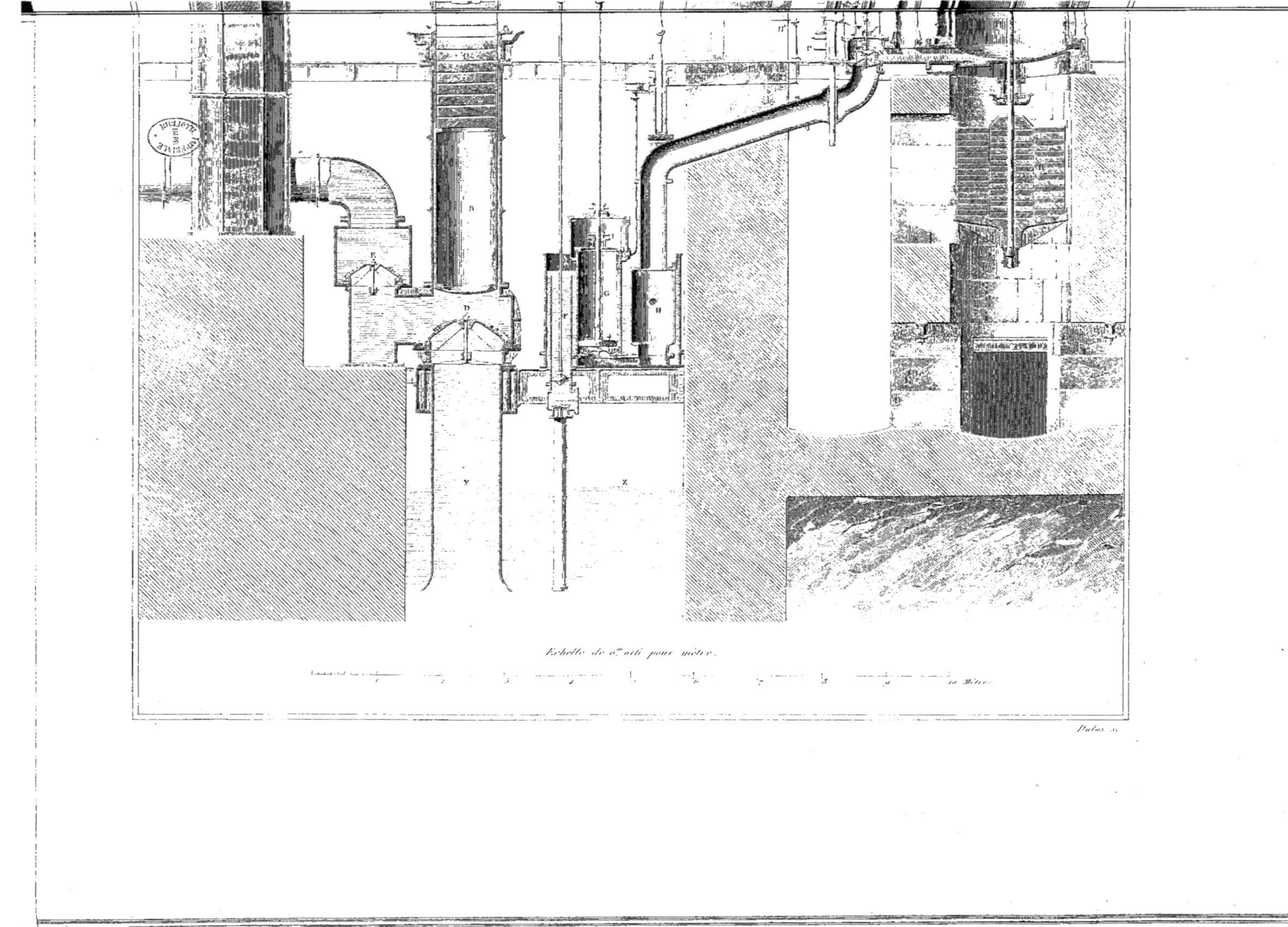
B
E
D
F
G
H
Y
Z
Echelle de 0m.01 pour mètre.
1
2
3
4
5
6
7
8
9
10 Mètres
Dulos sc.

MACHINE À VAPEUR SYSTÈME CORNWALL,

FONCTIONNANT DANS L'ÉTABLISSEMENT DE CHAILLOT.

Détail du mécanisme à l'aide duquel se produisent l'ouverture et la fermeture des Soupapes.

Fig. 146 bis.

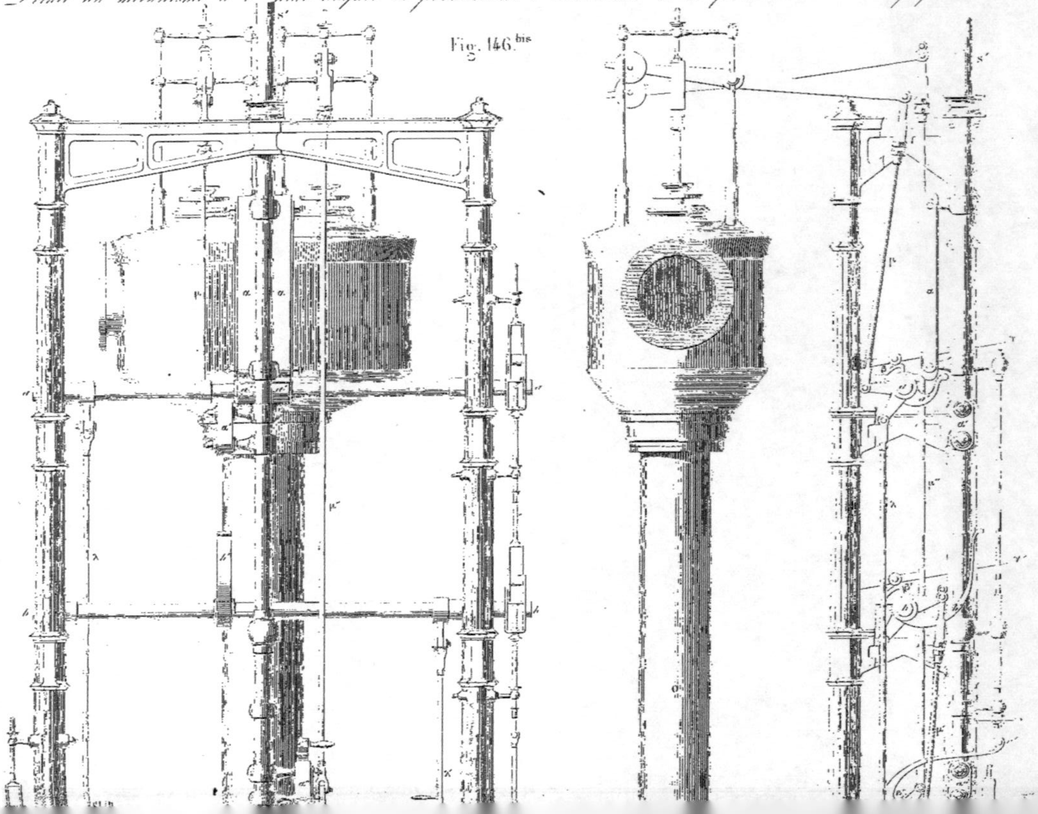

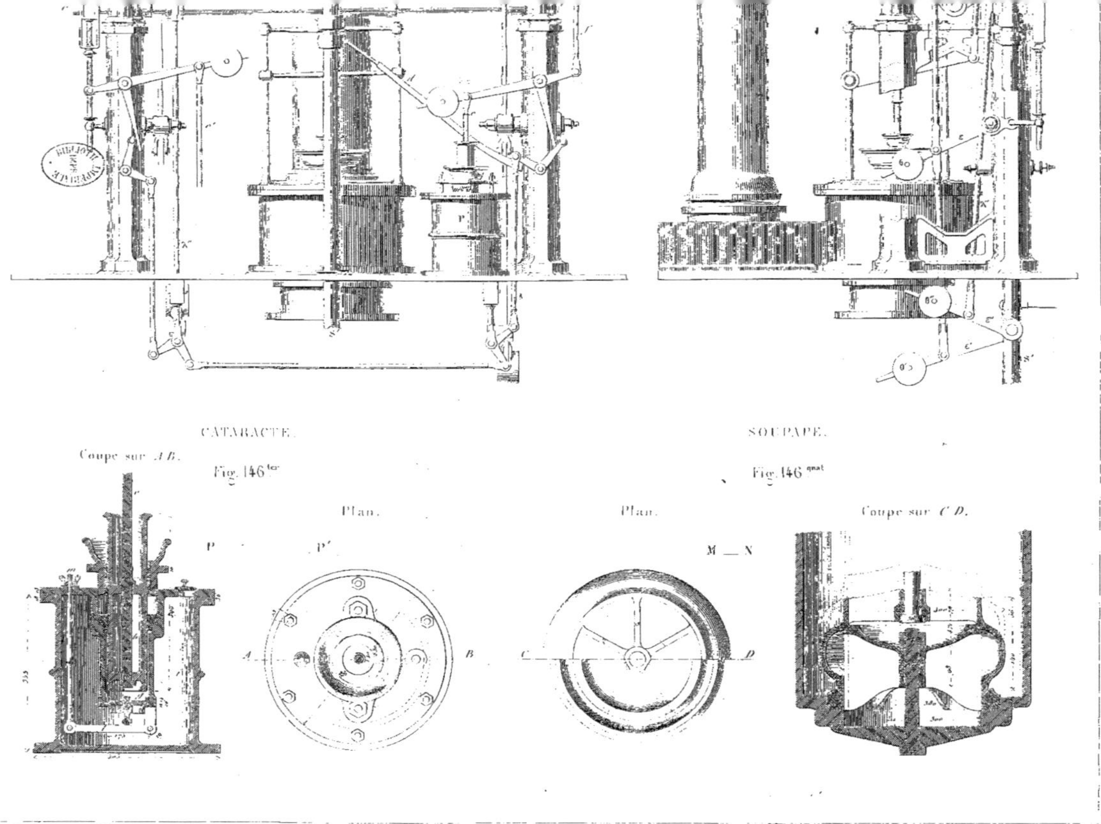

Echelles au 20e pour le Détail du mécanisme. 10e pour la Cataracte et la Soupape.

Conduite et Distribution des Eaux

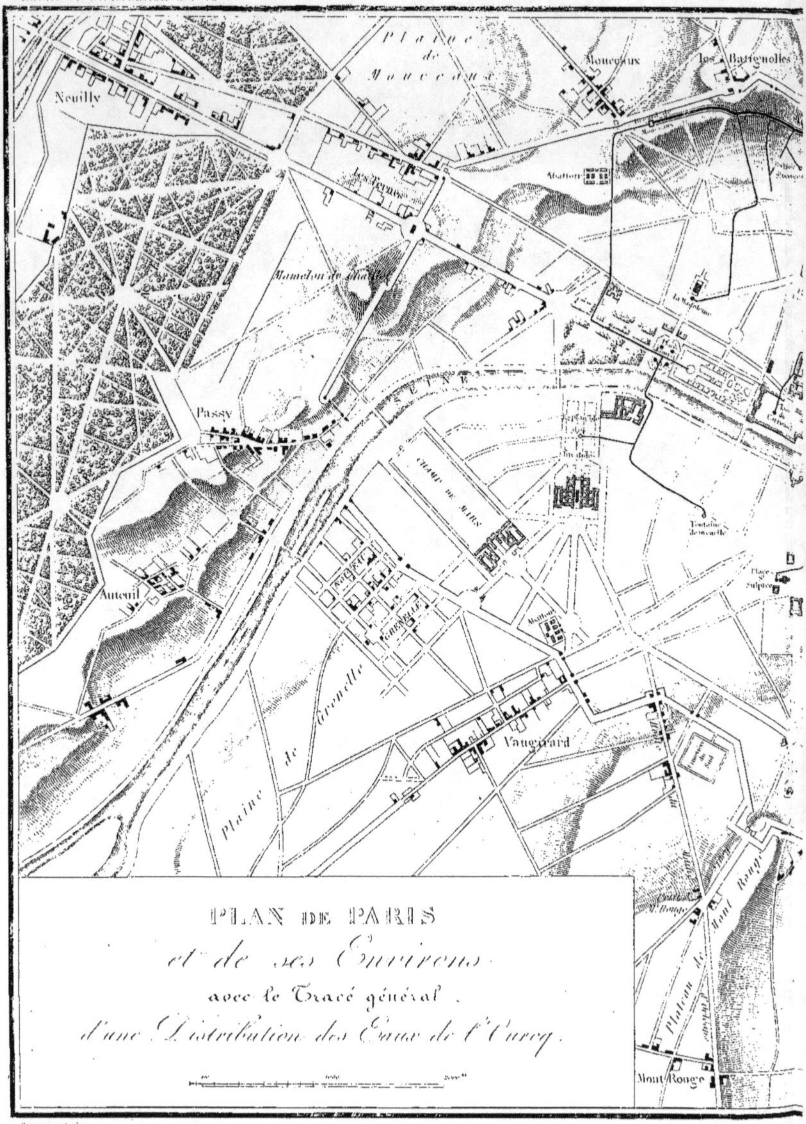
Plaine de Mouceaux
Neuilly
Monceaux
les Batignolles
Abattoir
Les Ternes
Mamelon de Chaillot
La Madeleine
Passy
Champ de Mars
Invalides
Fontaine de Grenelle
Place St Sulpice
Auteuil
Grenelle
Abattoir
Plaine de Grenelle
Vaugirard
Mont Rouge
Plateau de Mont Rouge
PLAN DE PARIS
et de ses Environs
avec le Tracé général
d'une Distribution des Eaux de l'Ourcq.

Planche . 18

INDICATIONS.

○— Fontaines établies et dont les conduites sont posées.

●— Fontaines à construire et dont les conduites sont à poser.

RÉS

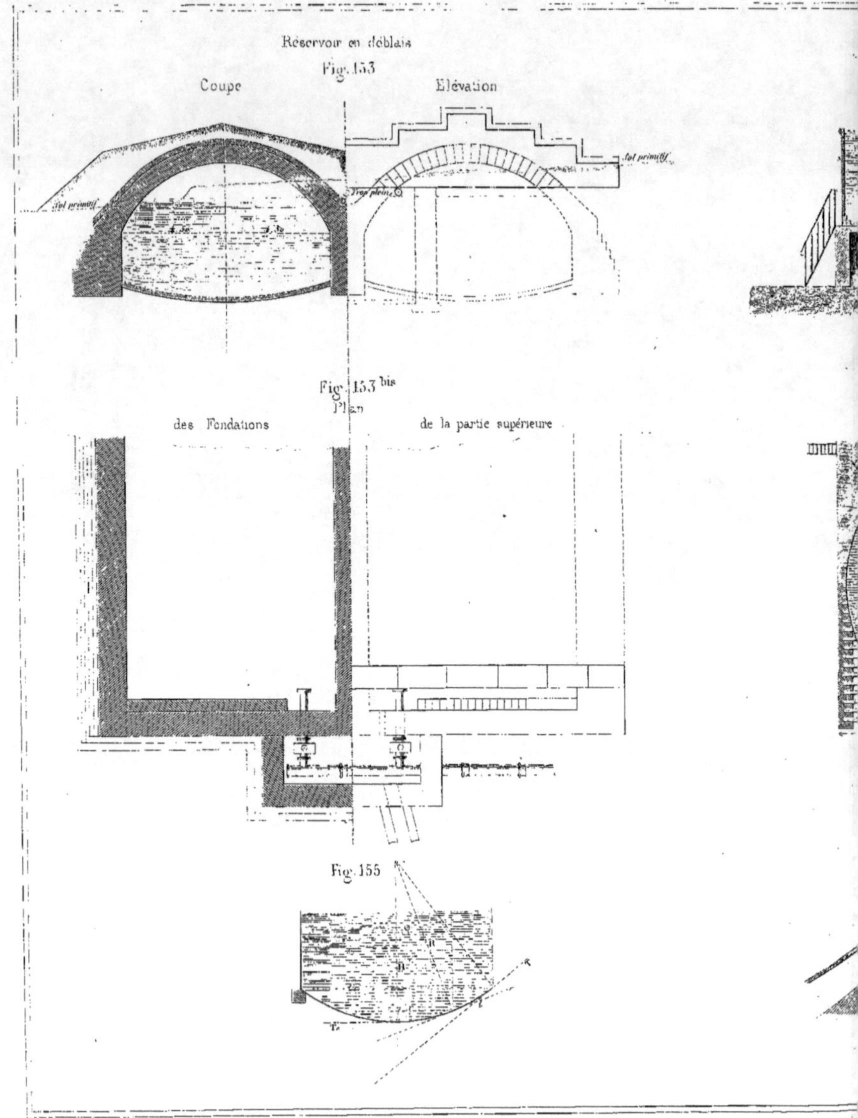
Réservoir en déblais
Fig. 153
Coupe
Élévation
Sol primitif
Trop plein
Fig. 153 bis
Plan
des Fondations
de la partie supérieure
Fig. 155

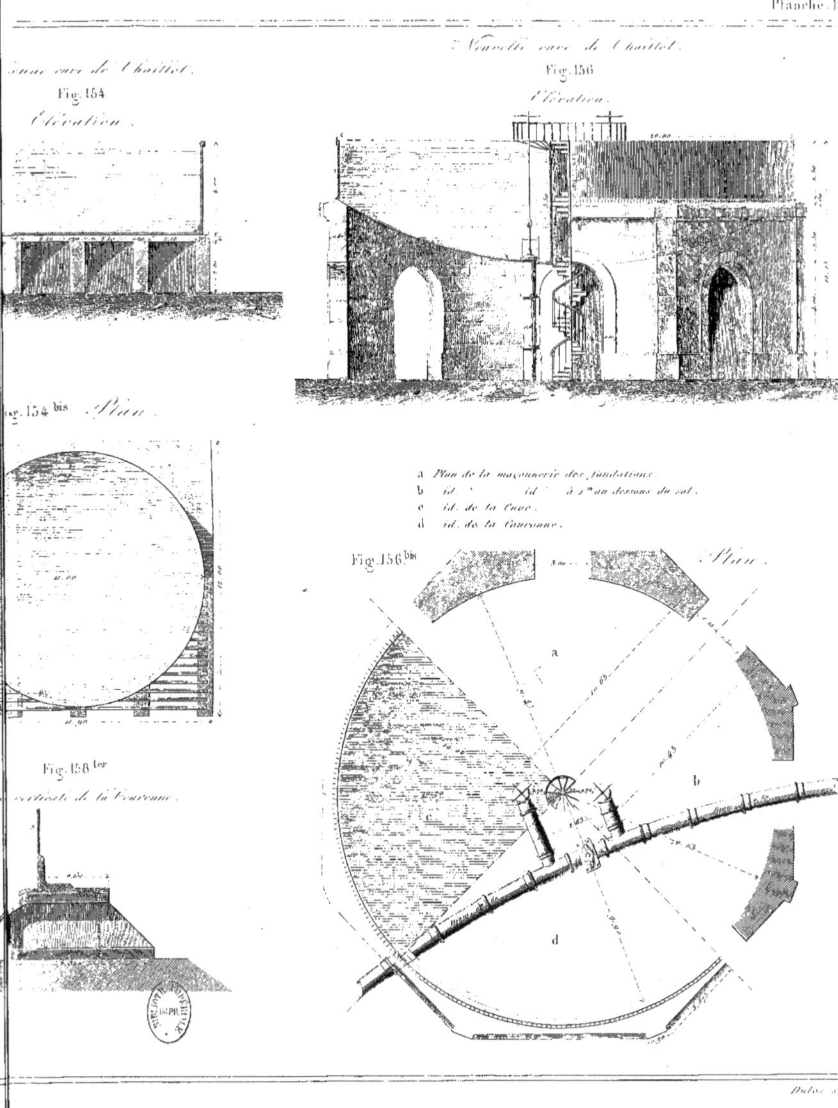
...une cave de Chaillot.
Fig. 154
Élévation.
Fig. 154 bis Plan.
Fig. 158 ter
...verticale de la Couronne.
Nouvelle cave de Chaillot.
Fig. 156
Élévation.
a Plan de la maçonnerie des fondations.
b id. id. à 1m au dessus du sol.
c id. de la Cuve.
d id. de la Couronne.
Fig. 156 bis
Plan.
a
b
c
d

Dulos sc.

DÉTAILS DU RÉSER

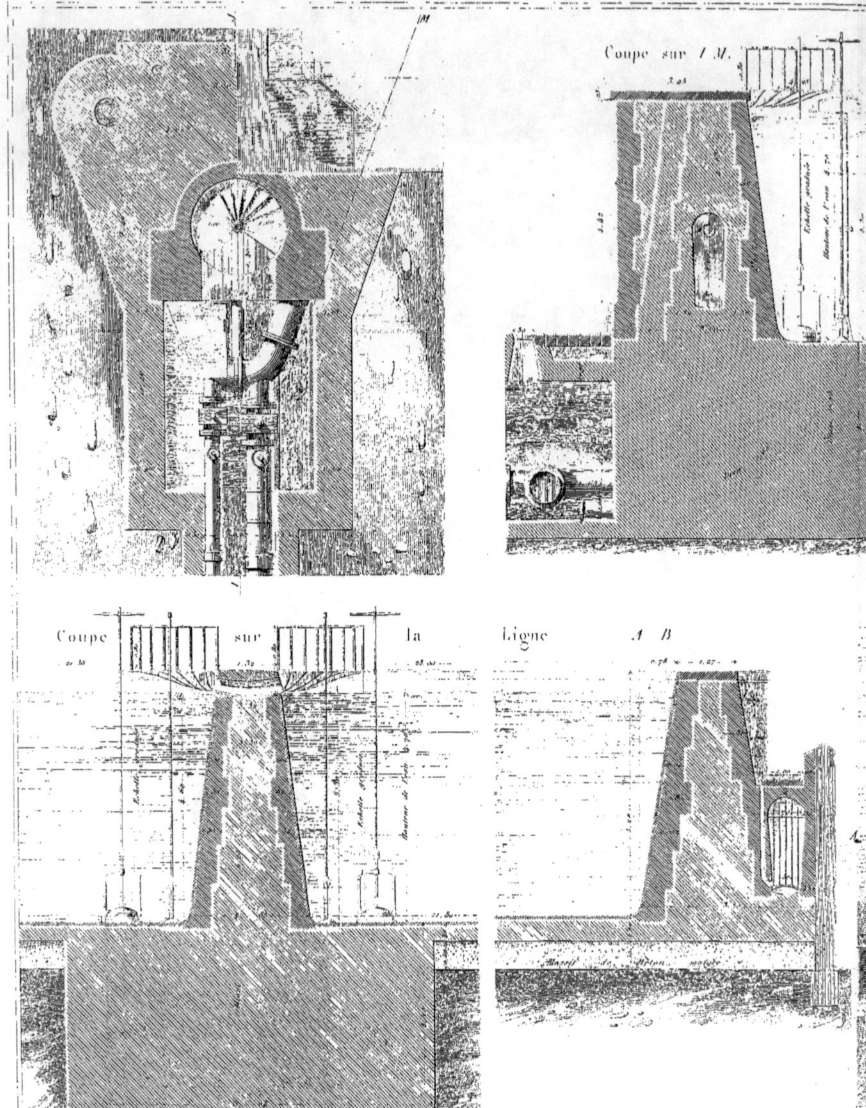

VOIR DE VAUGIRARD.

Planche 20.

MACHINE A ESS

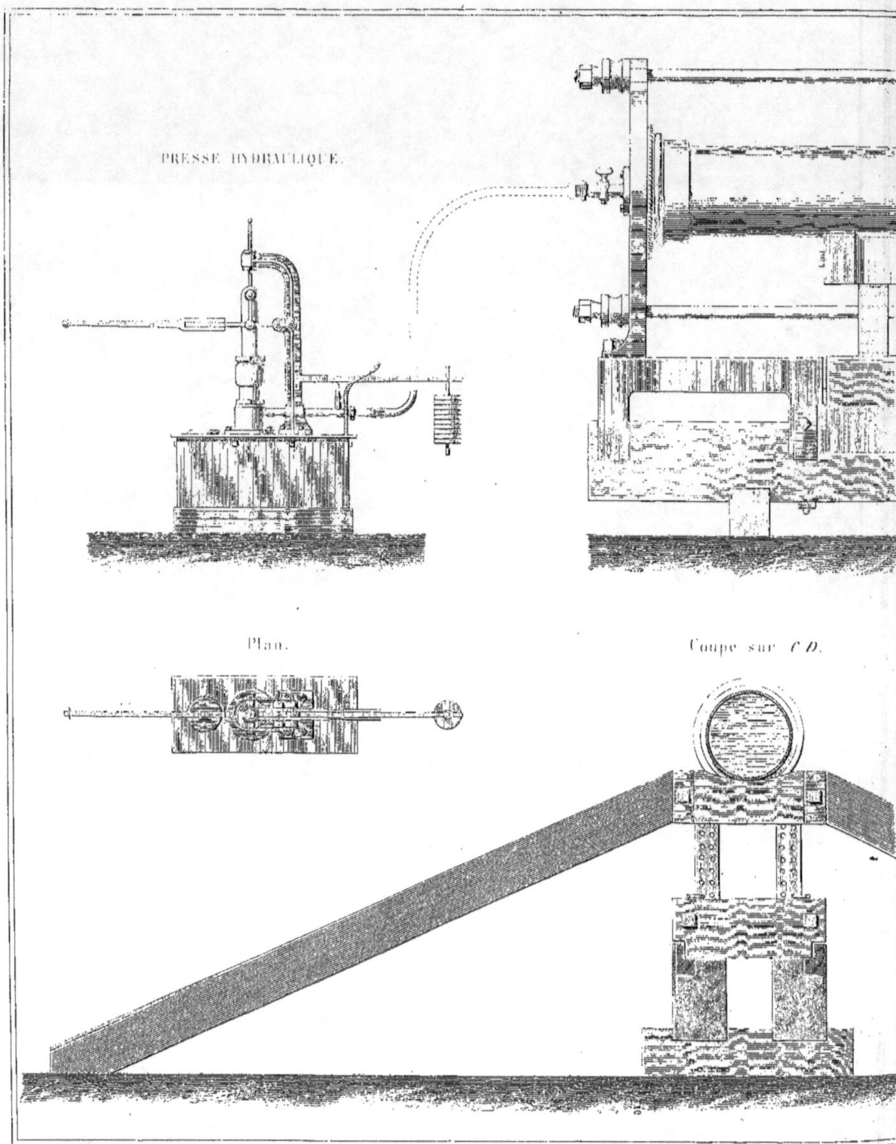

Echelle

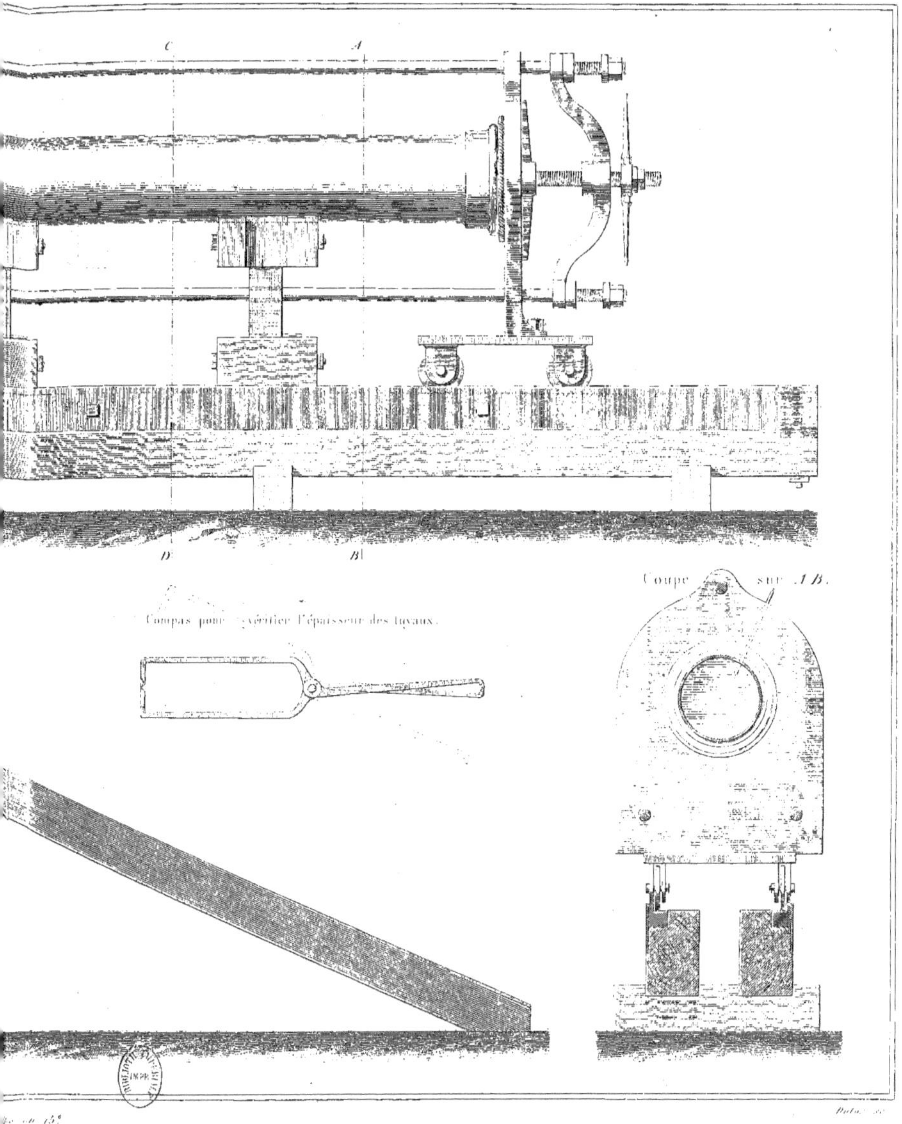
C
A
D
B
Coupe sur AB.
Compas pour vérifier l'épaisseur des tuyaux.

TUYAUX DE 0m.081, 0m.108, 0[…]

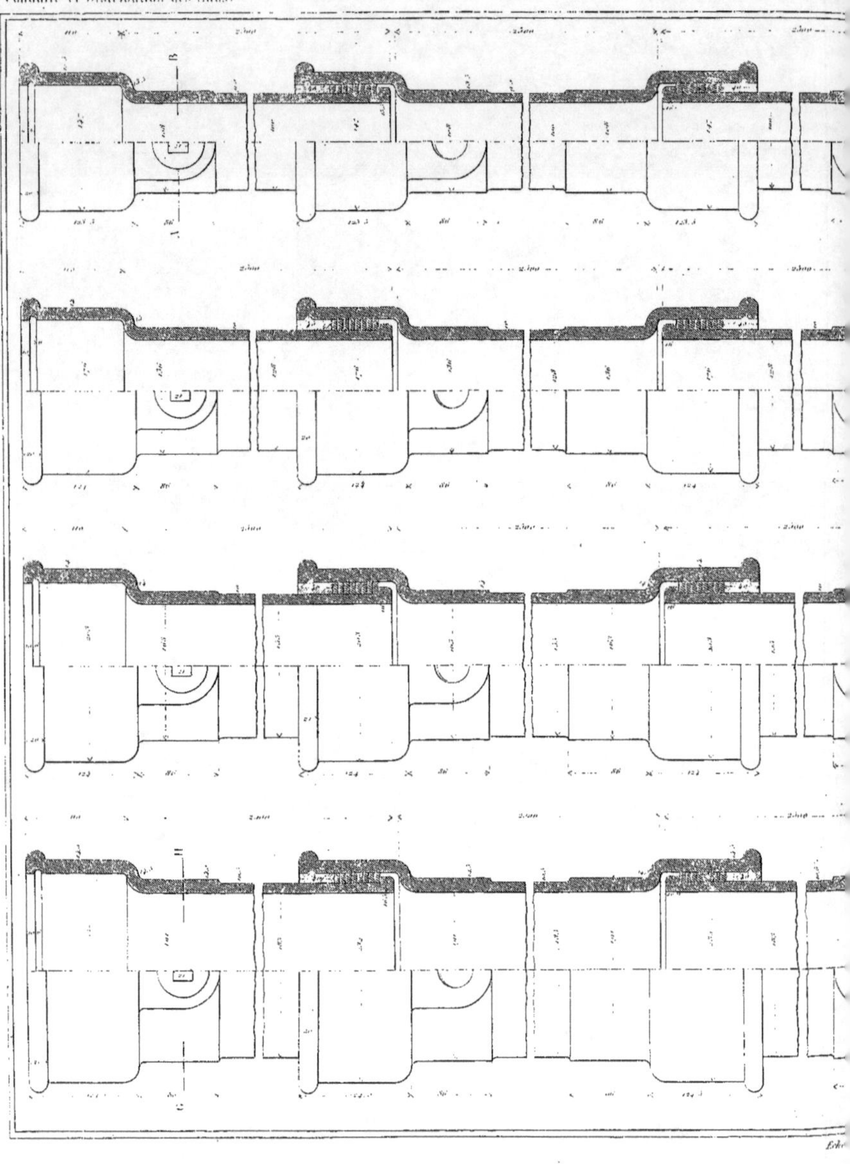

".155 ET DE 0m162 DE DIAMÈTRE.

Planche 22

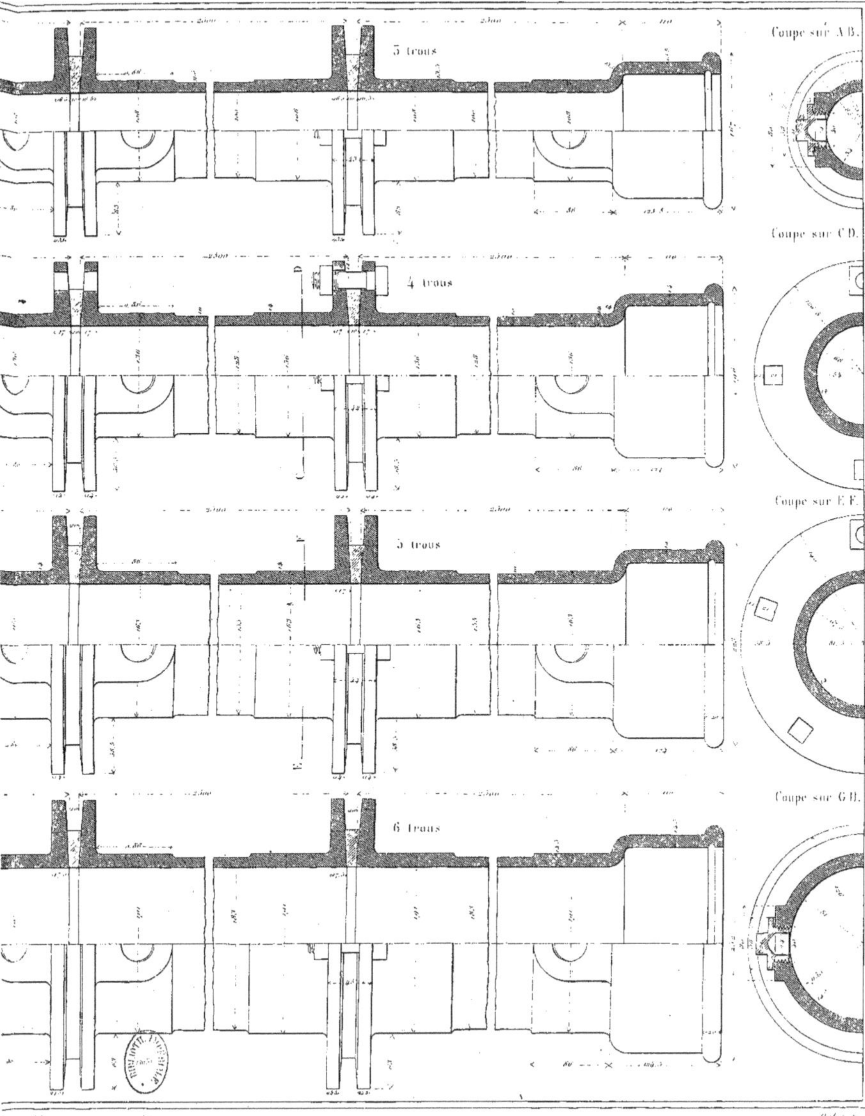

TUYAUX DE 0m,19, 0m,25 ET

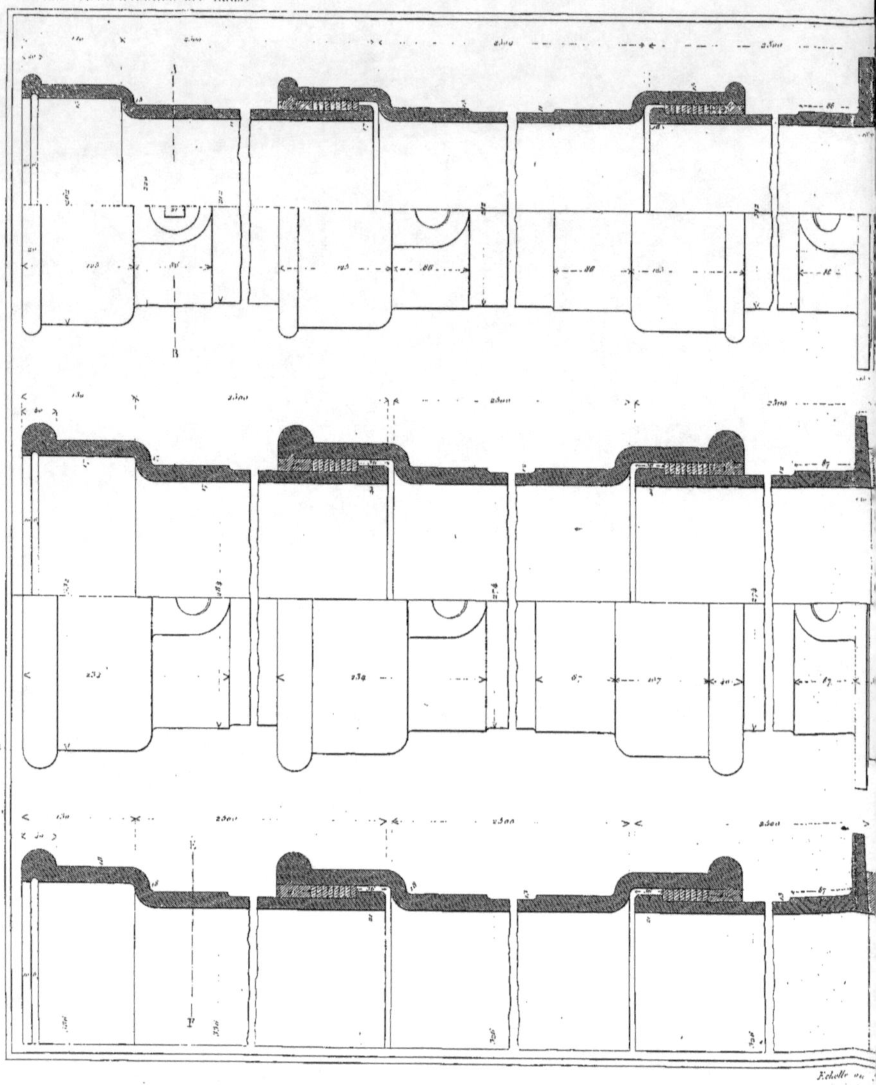

Echelle au

DE 0m30 DE DIAMÈTRE.

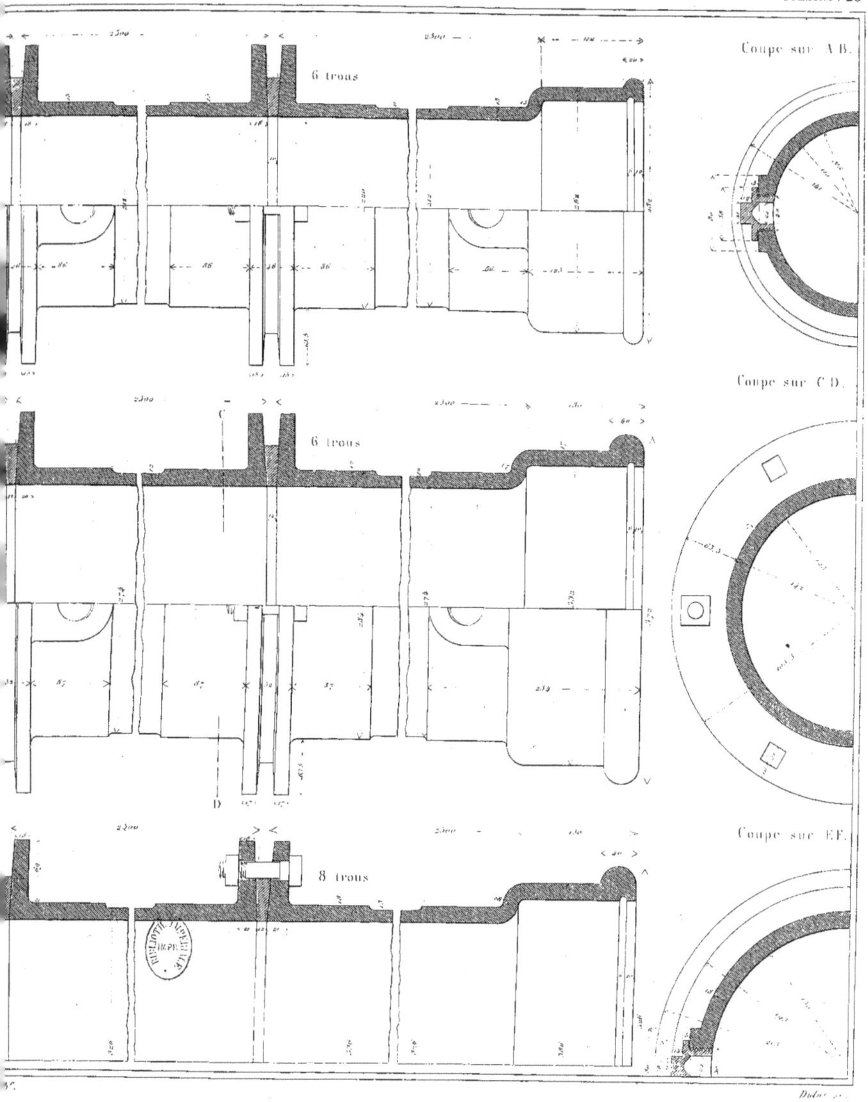

Planche. 23

Coupe sur A B.

6 trous

Coupe sur C D.

6 trous

Coupe sur E F.

8 trous

Dulos sc.

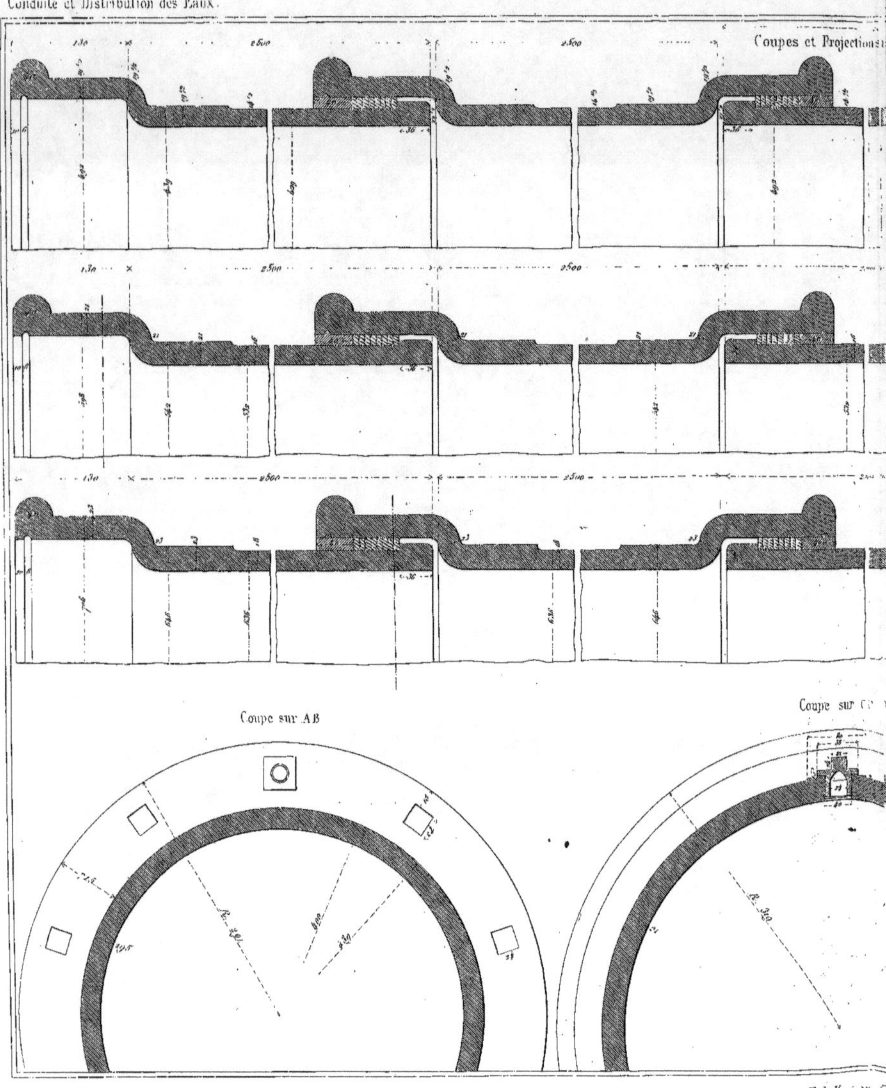
Conduite et Distribution des Eaux.
TUYAUX DE 0m.40, 0m,5
Coupes et Projections
Coupe sur AB
Coupe sur C
Echelle au 5

0 et 0m,60 DE DIAMÈTRE.

Planche 24

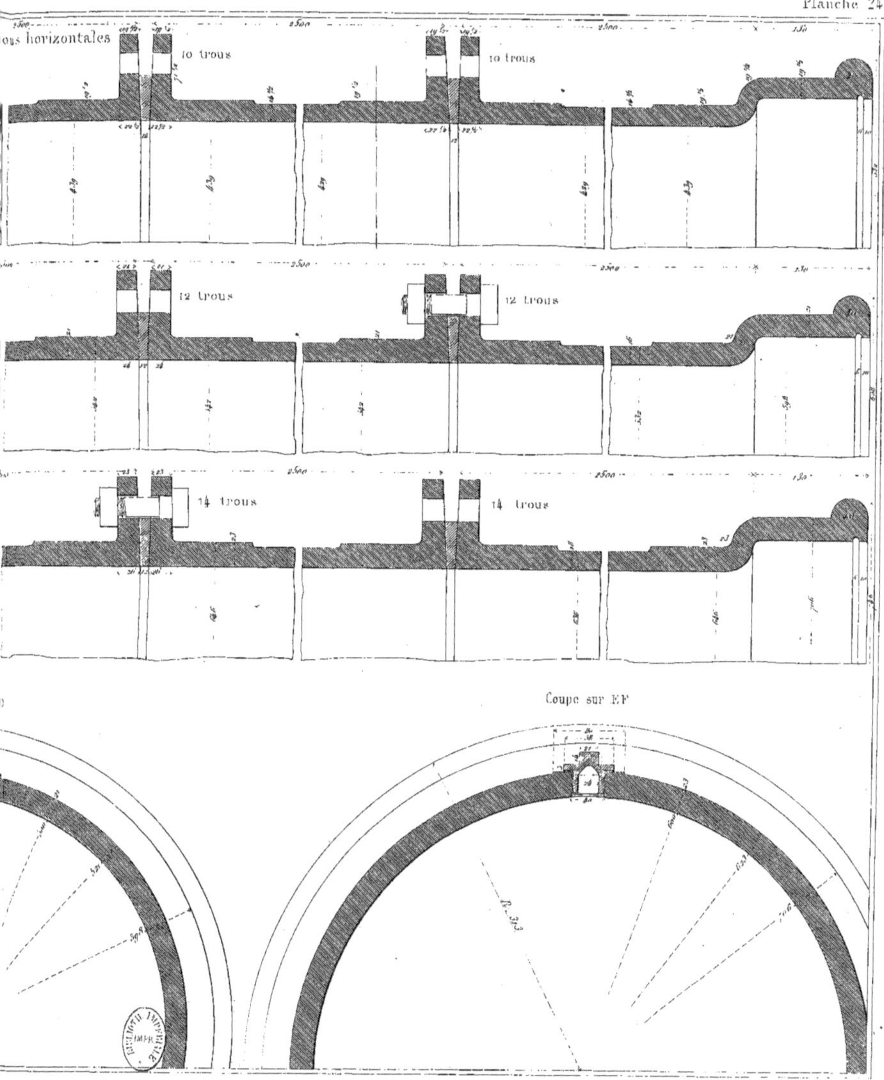

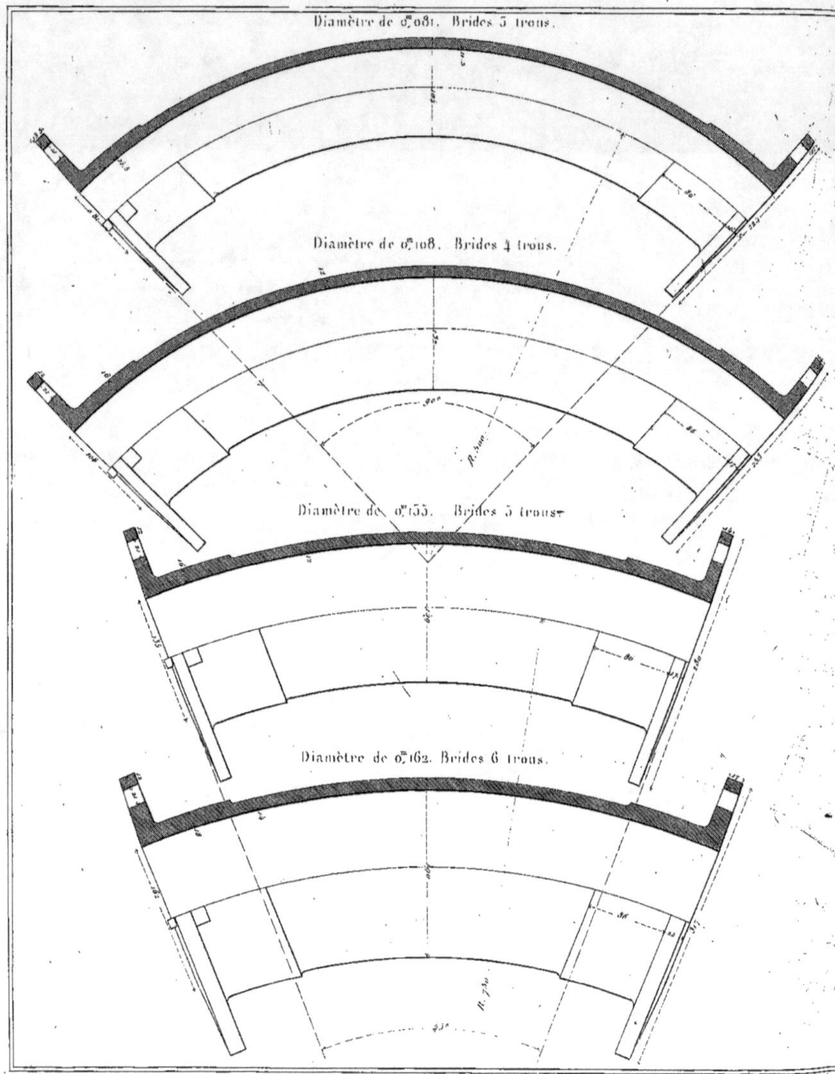
Diamètre de 0m,081. Brides 3 trous.
Diamètre de 0m,108. Brides 4 trous.
Diamètre de 0m,135. Brides 5 trous.
Diamètre de 0m,162. Brides 6 trous.
90°
43°
Echelle

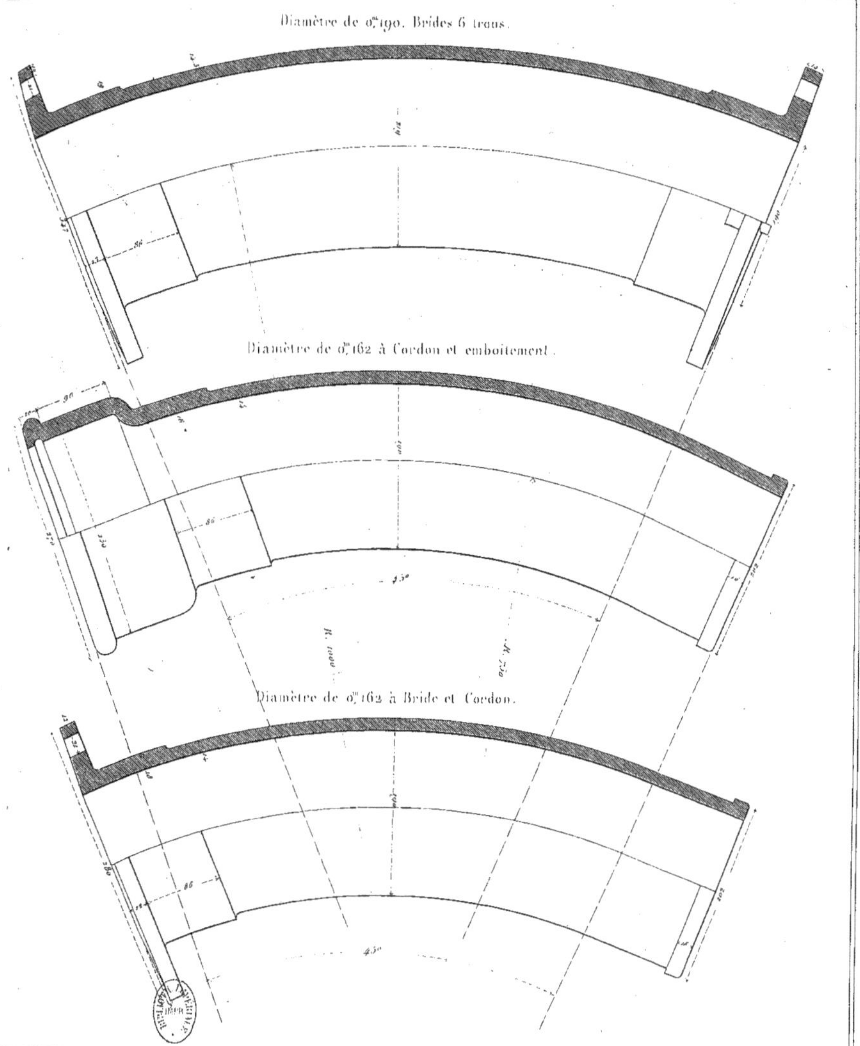
Diamètre de 0m,190. Brides 6 trous.
Diamètre de 0m,162 à Cordon et emboitement.
Diamètre de 0m,162 à Bride et Cordon.

Dulos sc.

TUYAUX COURBES A BR

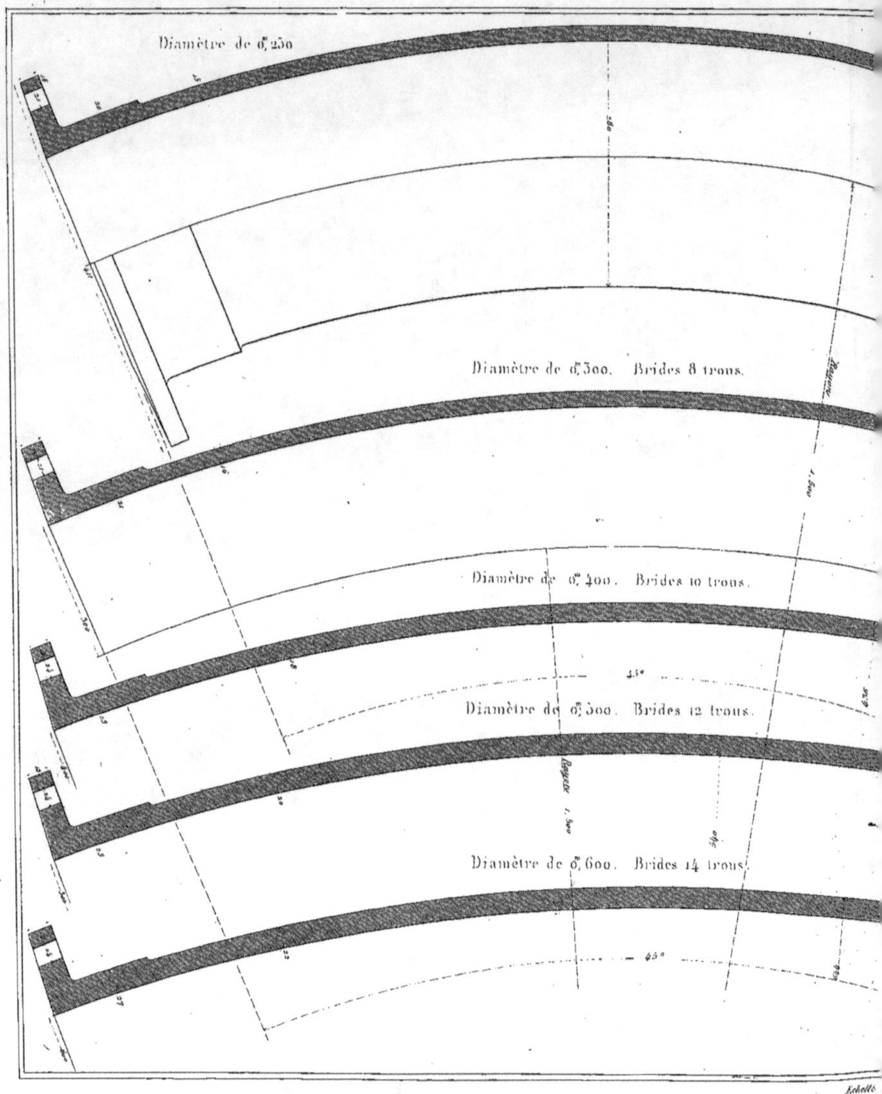

Echelle

ES ET RENFLEMENT.

Planche 26.

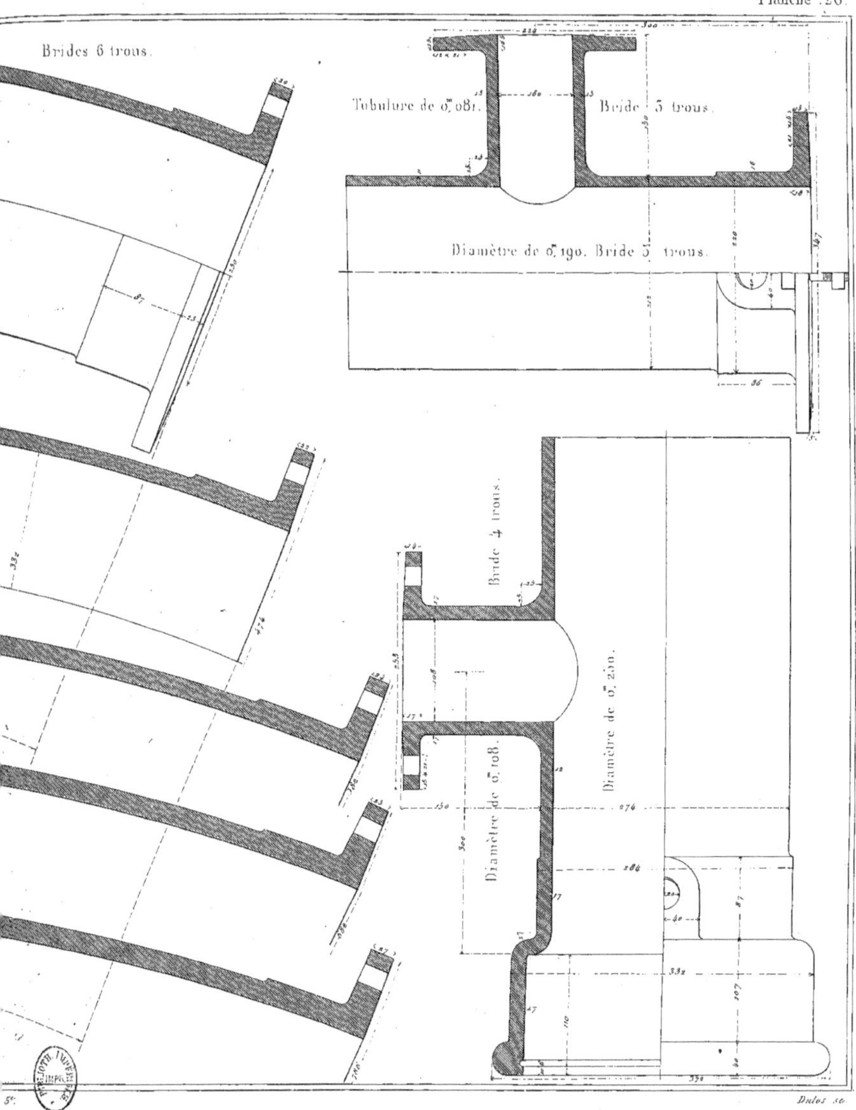

Dulos sc.

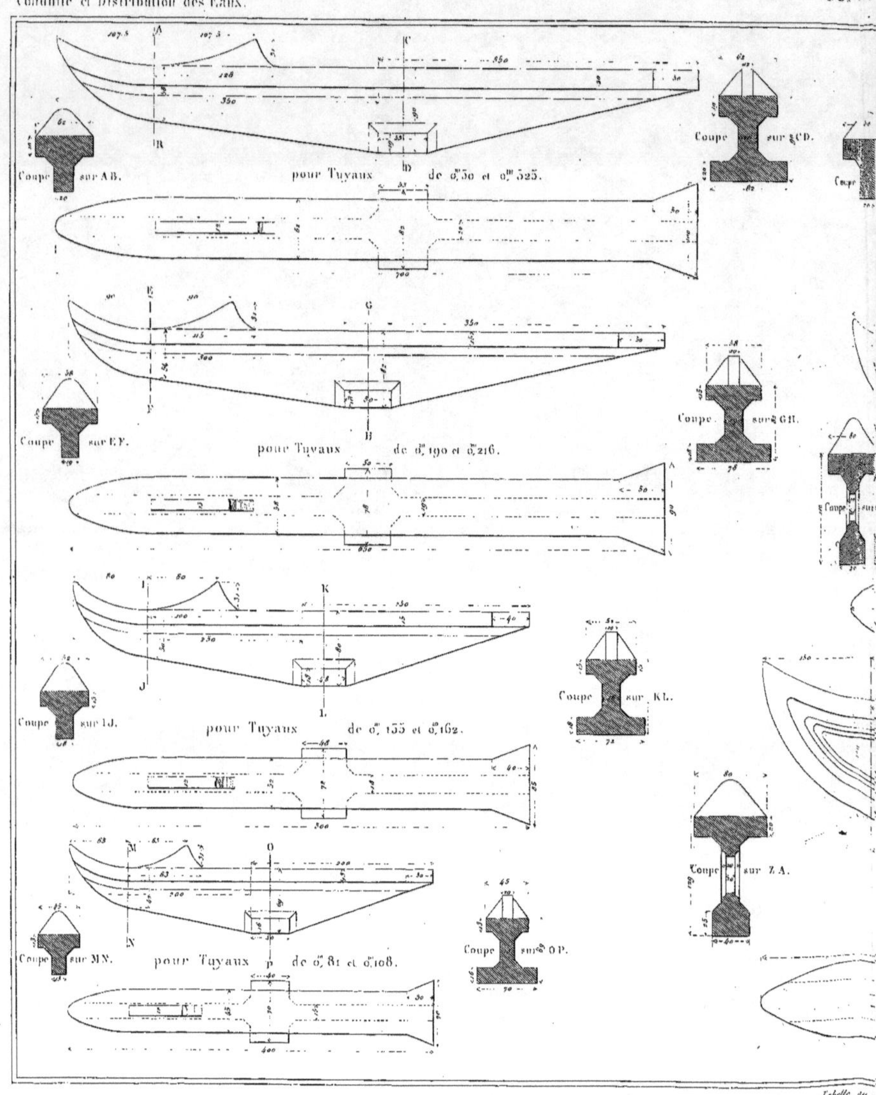
Coupe sur AB.
Coupe sur CD.
pour Tuyaux de 0m,50 et 0m,525.
Coupe sur EF.
Coupe sur GH.
pour Tuyaux de 0m,190 et 0m,216.
Coupe sur IJ.
Coupe sur KL.
pour Tuyaux de 0m,135 et 0m,162.
Coupe sur ZA.
Coupe sur MN.
pour Tuyaux de 0m,81 et 0m,108.
Coupe sur OP.

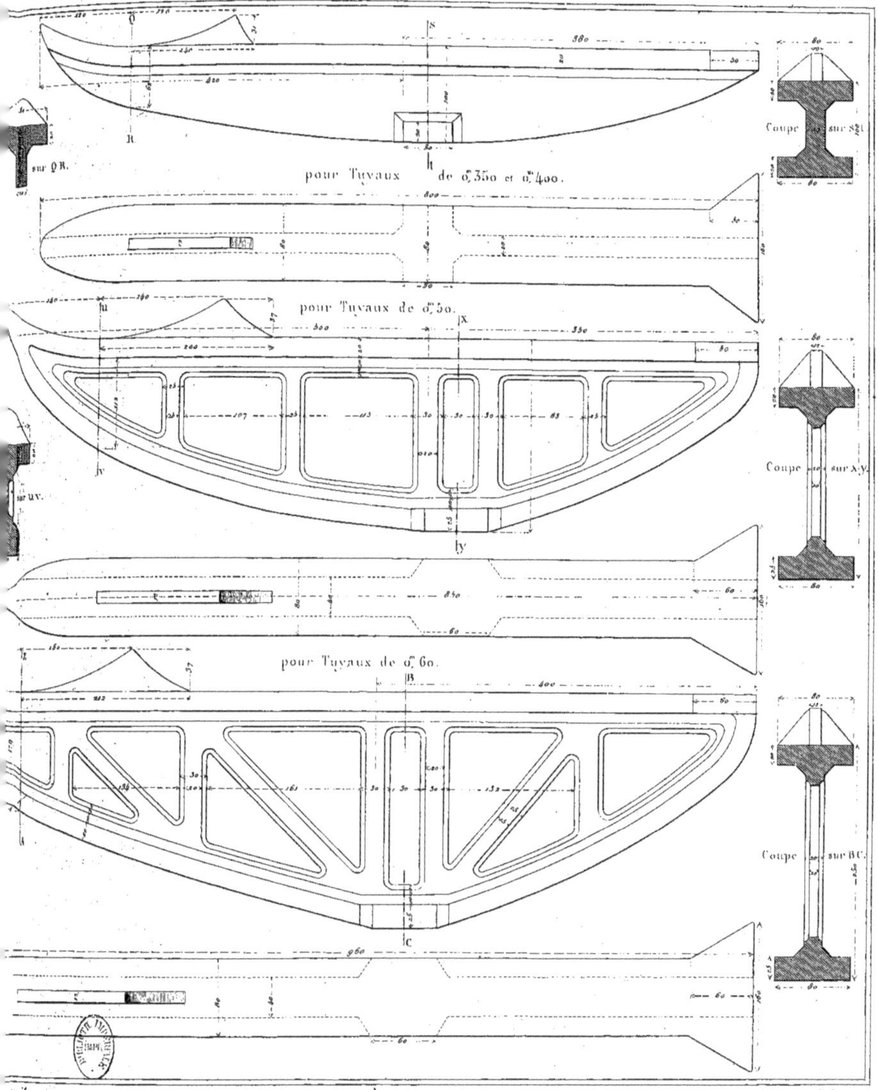

pour Tuyaux de $0^m,350$ et $0^m,400$.

Coupe sur S.T.

sur Q R.

pour Tuyaux de $0^m,50$.

Coupe sur X.Y.

sur U V.

pour Tuyaux de $0^m,60$.

Coupe sur B C.

Dulos sc.

MANCHONS CYLINDRI[...]

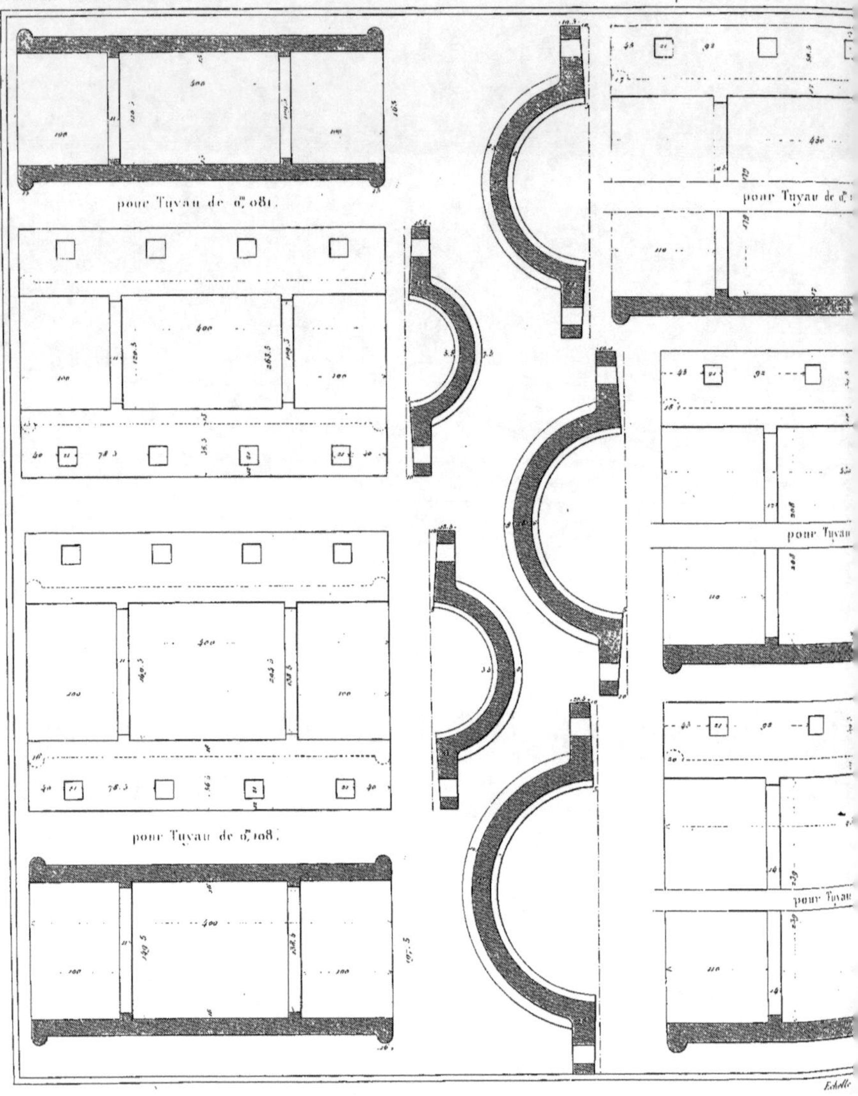

QUES ET A COQUILLES.

Planche 28

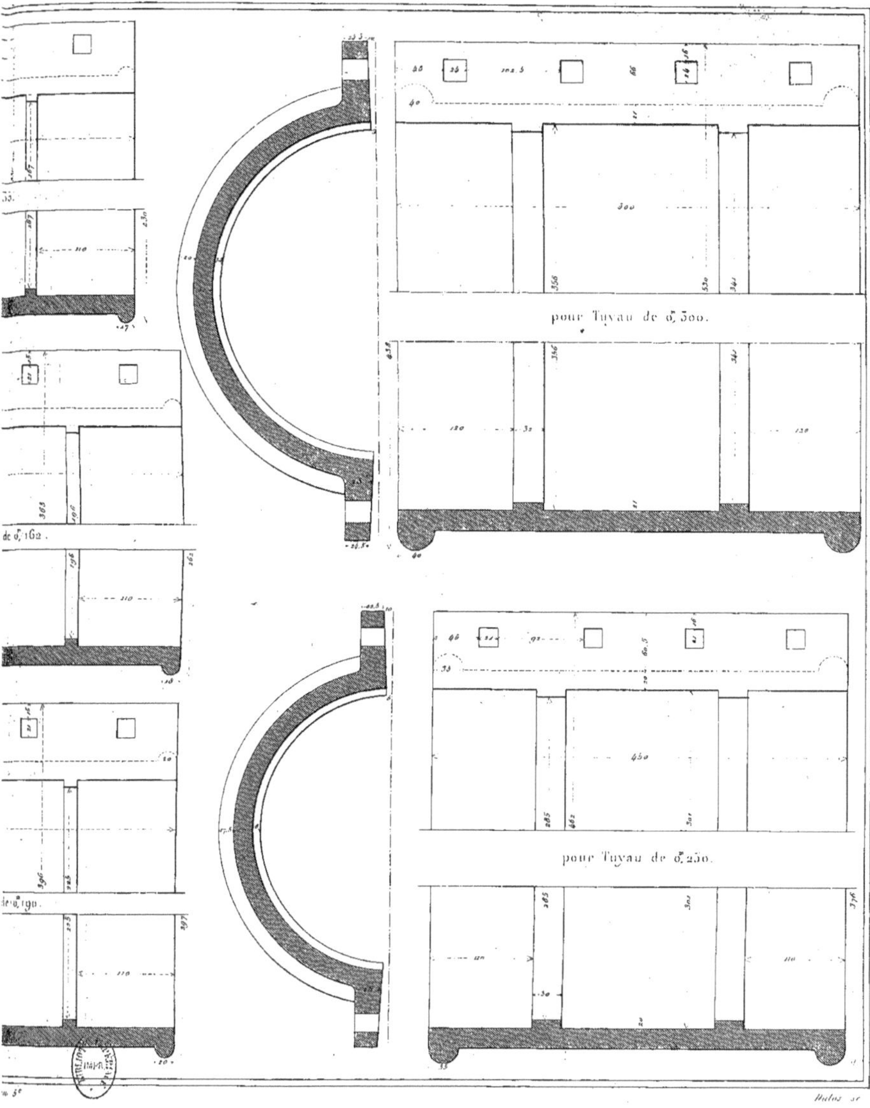

Hulot sc.

Conduite et Distribution des Eaux.

ROBINET VANNE DE 0,081 DE D...

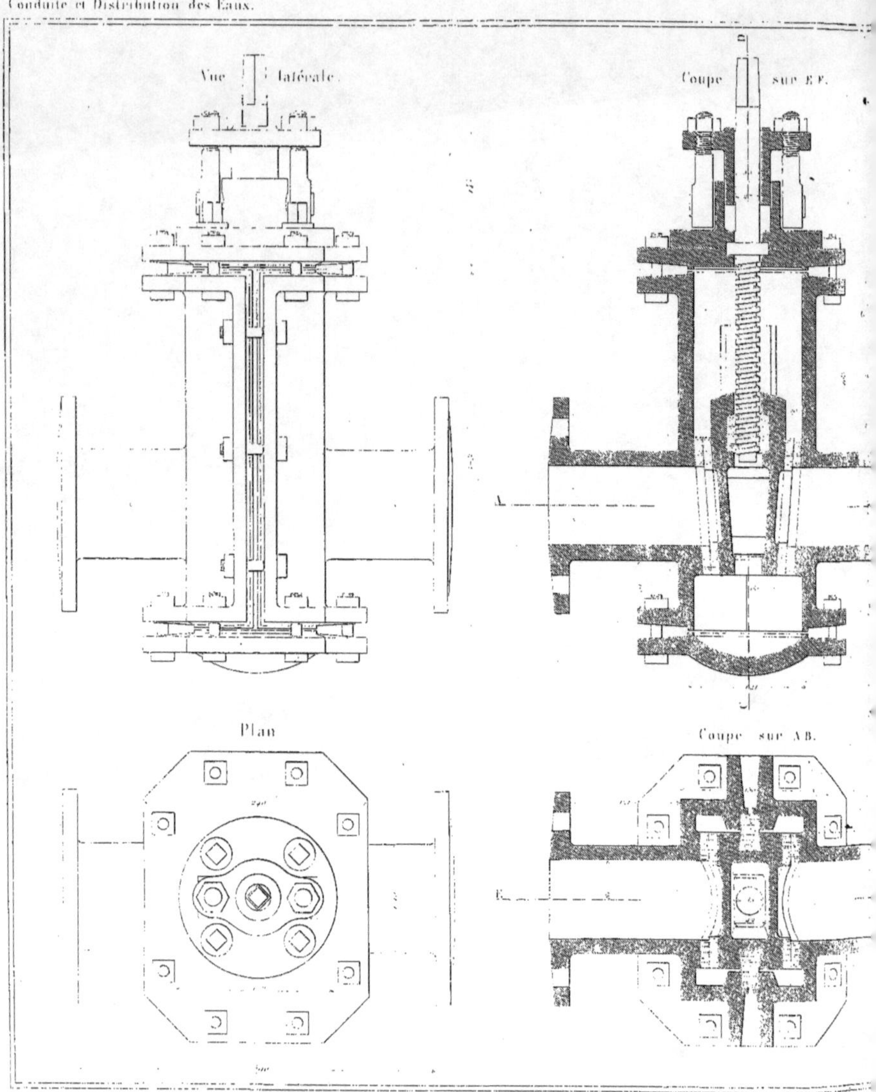

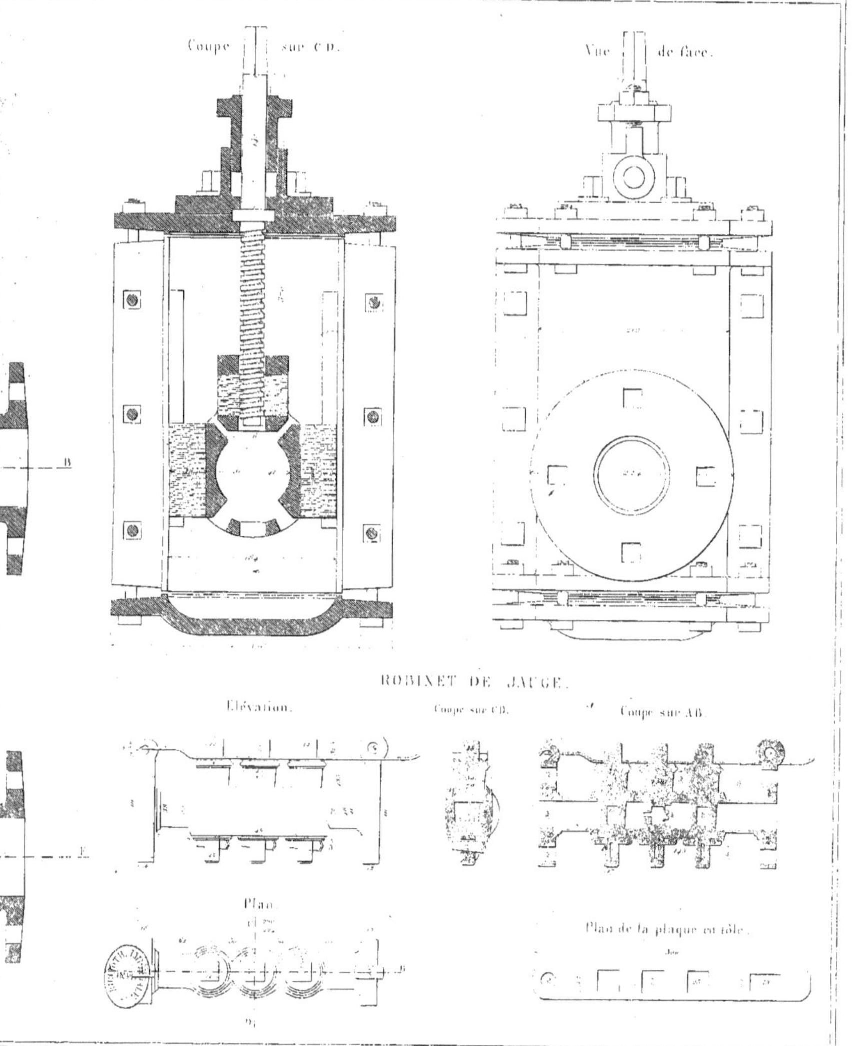
Coupe sur CD.
Vue de face.
ROBINET DE JAUGE.
Élévation.
Coupe sur CD.
Coupe sur AB.
Plan.
Plan de la plaque en tôle.

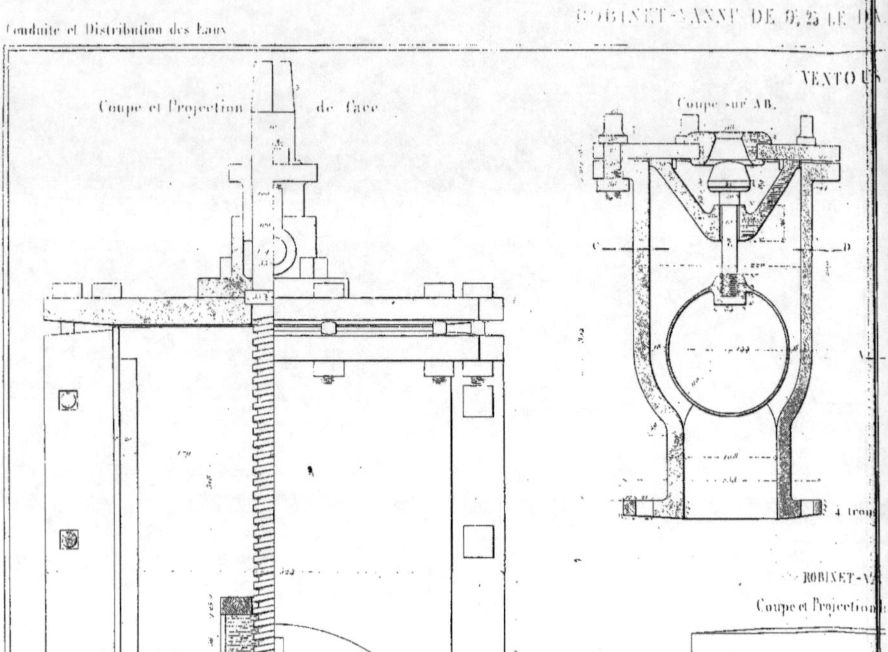

ROBINET-VANNE DE 0,25 DE DIA...

Coupe et Projection ... de face

VENTOUS...

Coupe sur AB.

ROBINET-V...

Coupe et Projection...

Echelle ...

...DE DIAMÈTRE ET VENTOUSE.

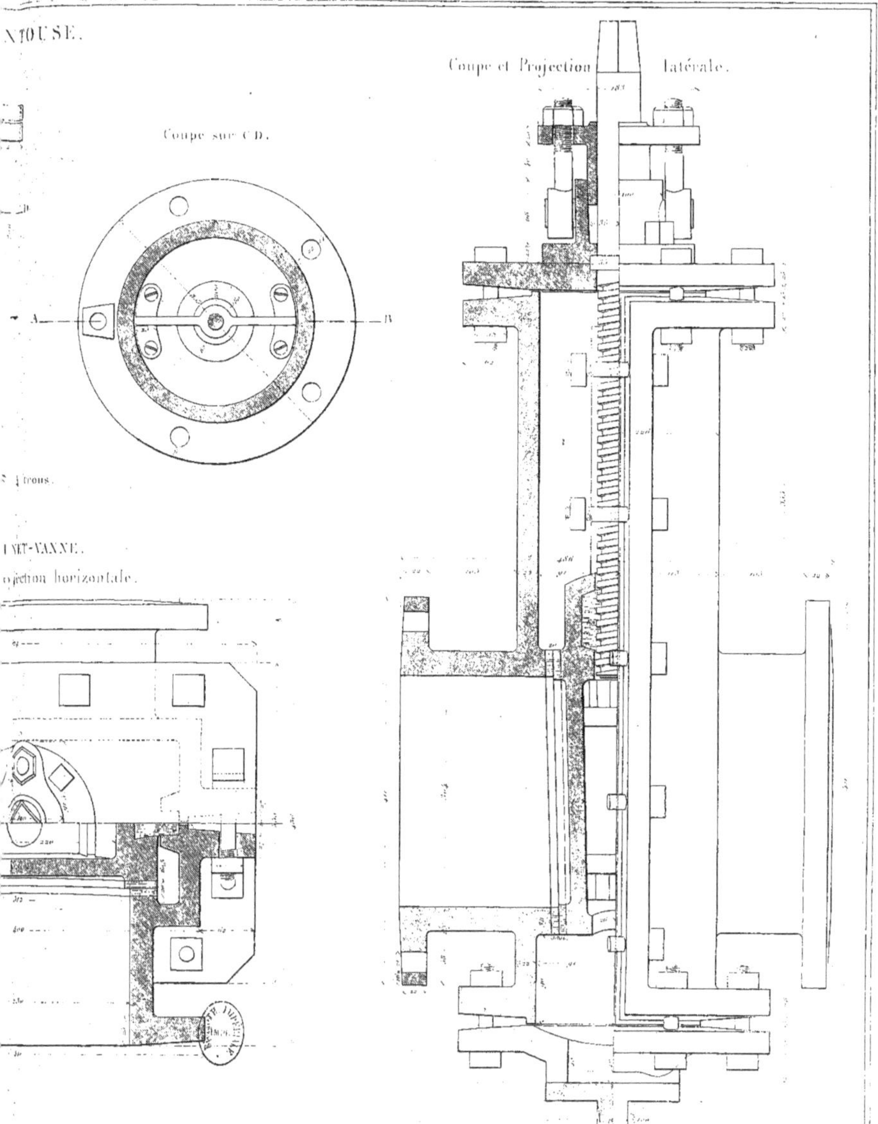

CLAPETS DE CHA

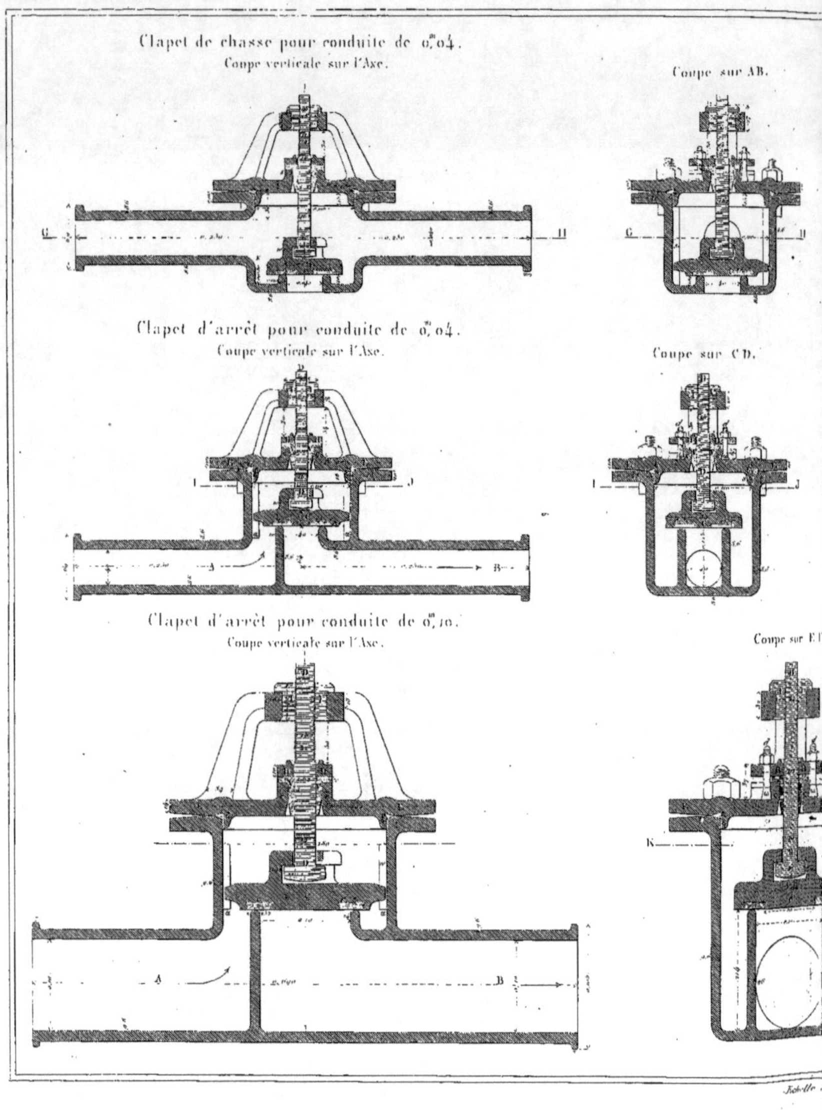

Planche .31

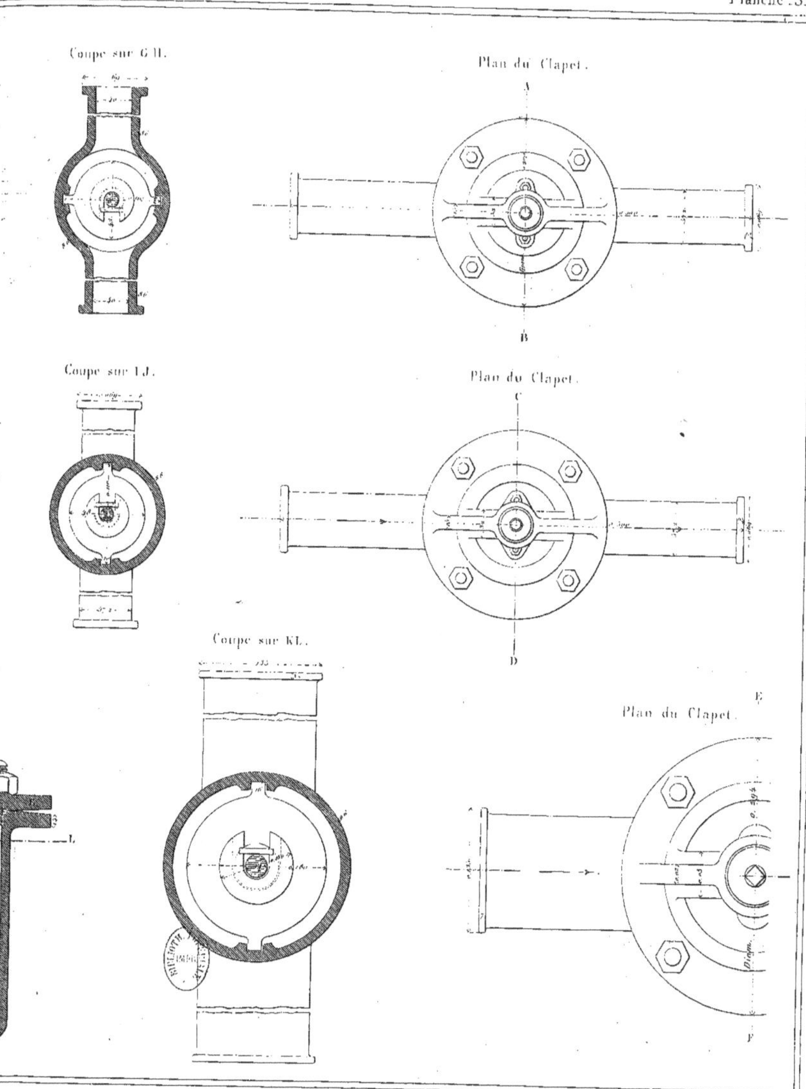

Dulos sc.

BORNE FONTAINE

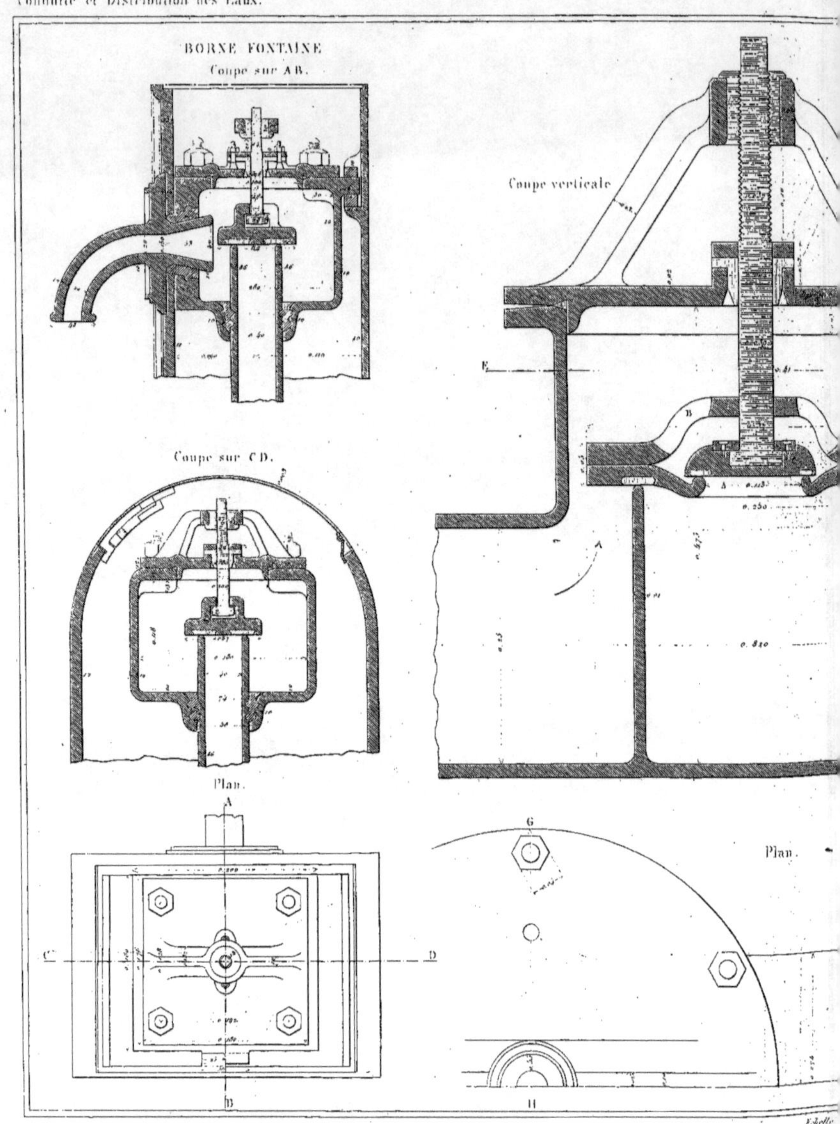

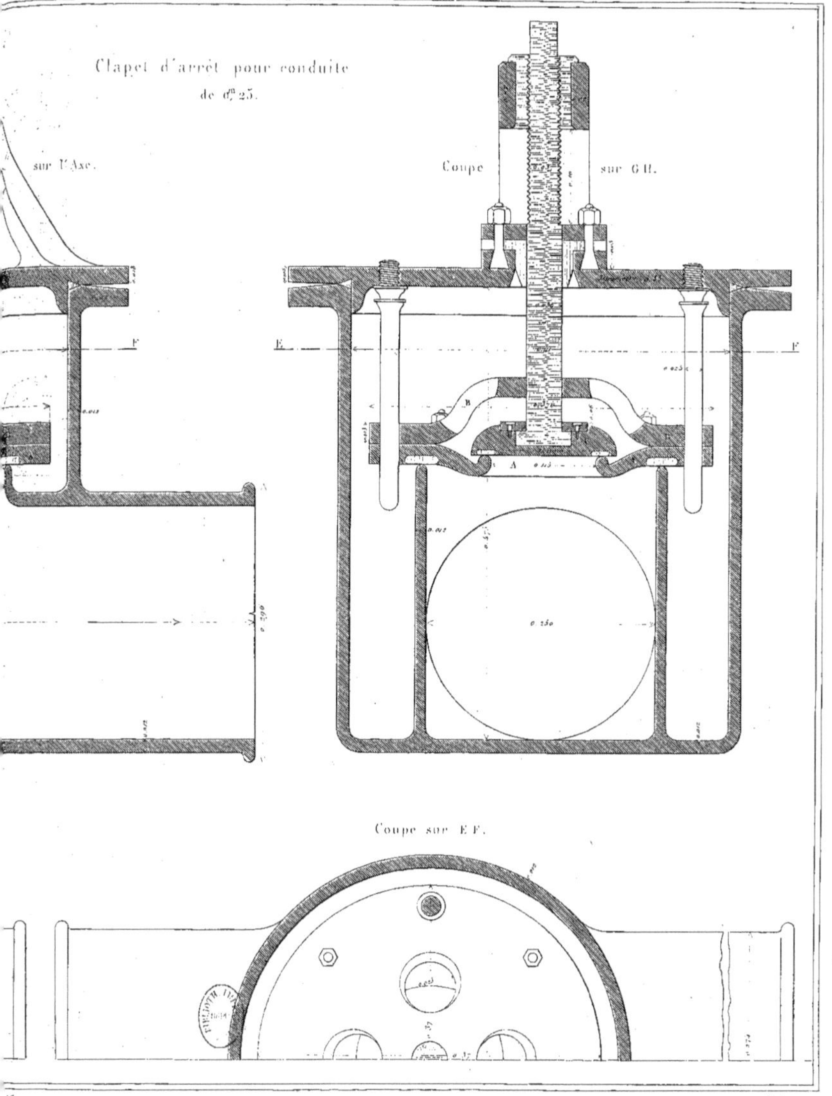
Clapet d'arrêt pour conduite de 0m 25.
sur l'Axe.
Coupe sur GH.
Coupe sur EF.
Dulos sc.

BORNE FONTAI

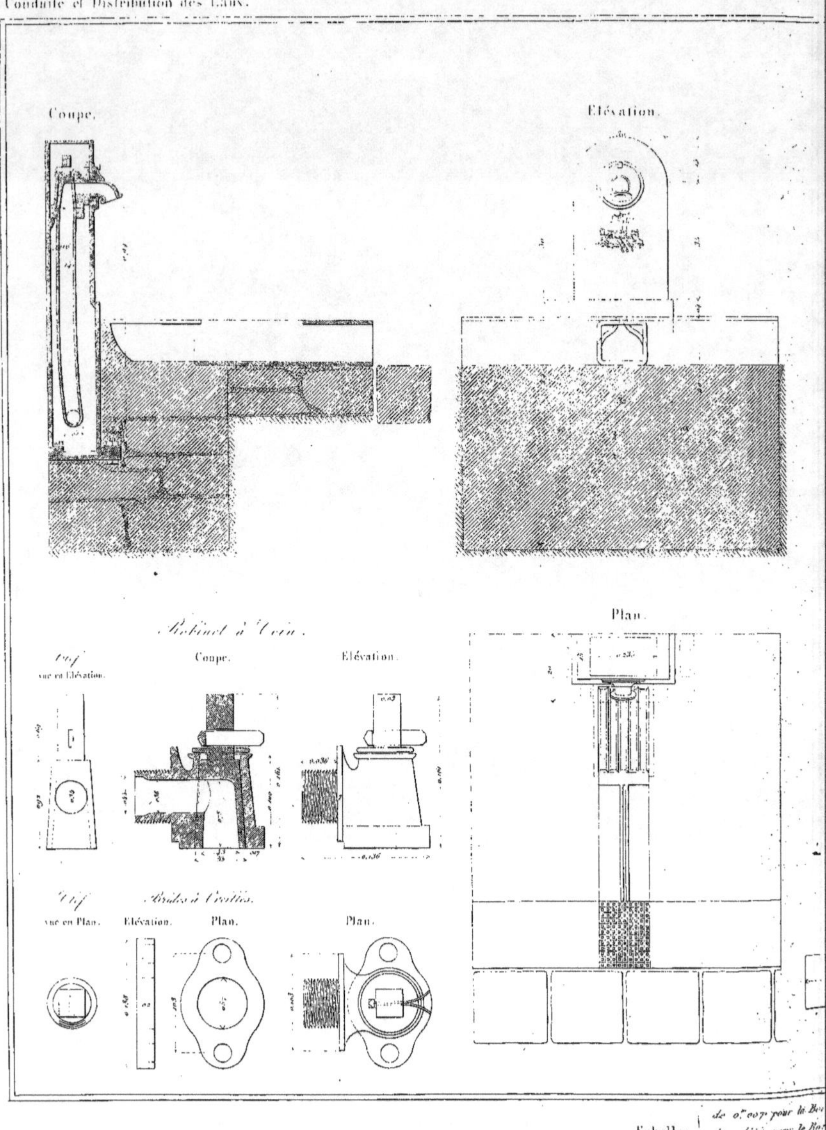

Echelles
de 0m,007 pour la Bo
do 1/4 pour le Ro
de 1/5 pour le B

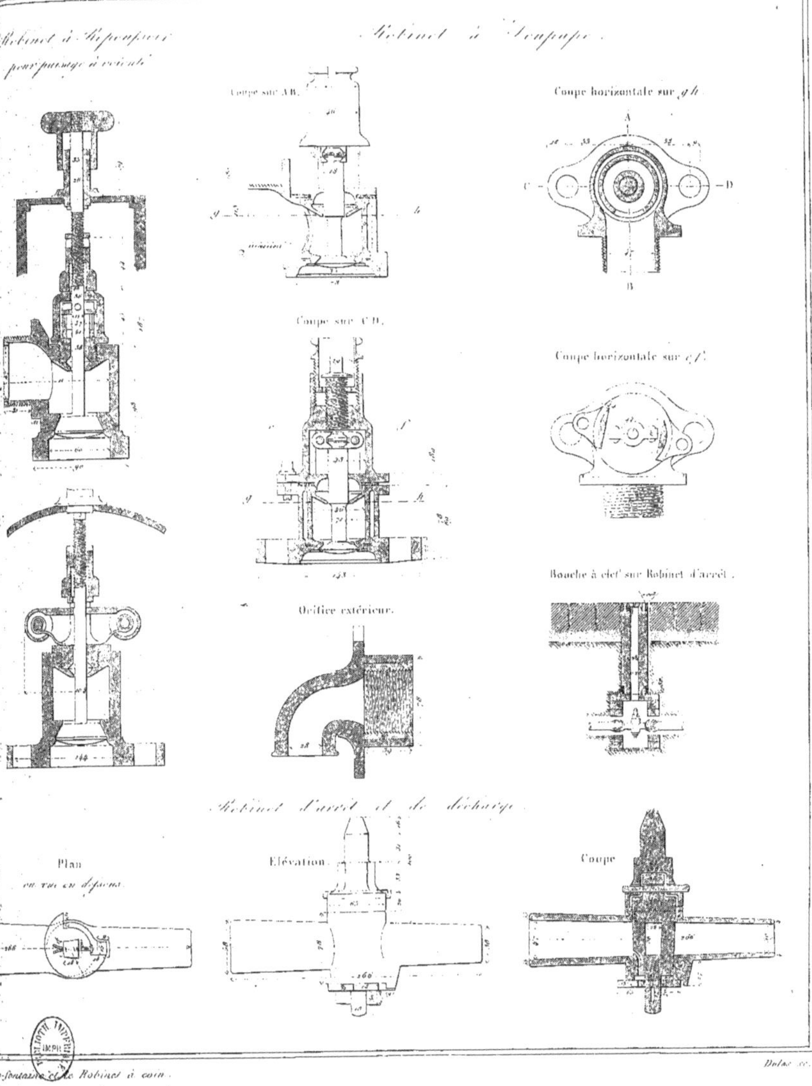

Dulos sc.

...-fontaine et de Robinet à coin.
...net à soupape et à repoussoir.
...inet d'arrêt et de décharge.

POTEAU D'ARROSEMENT
ET BOUCHE D'EAU SOUS TROTTOIR.

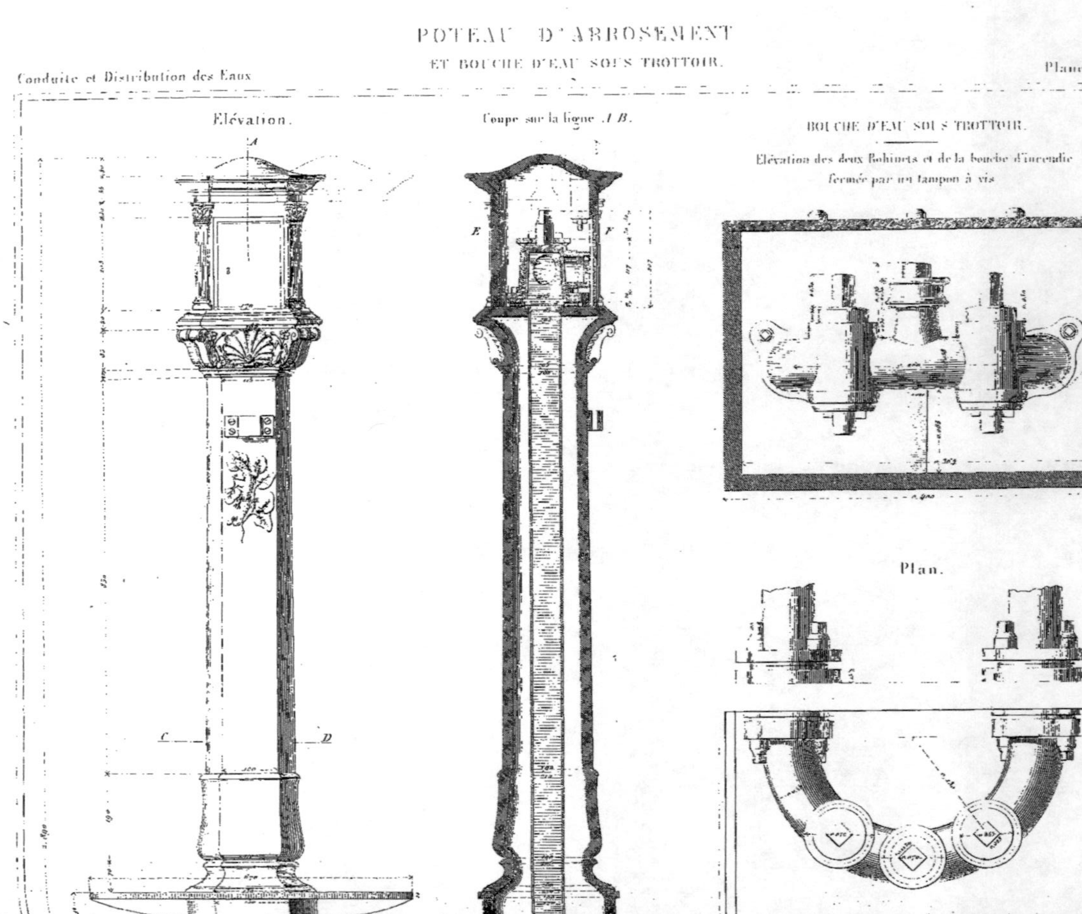

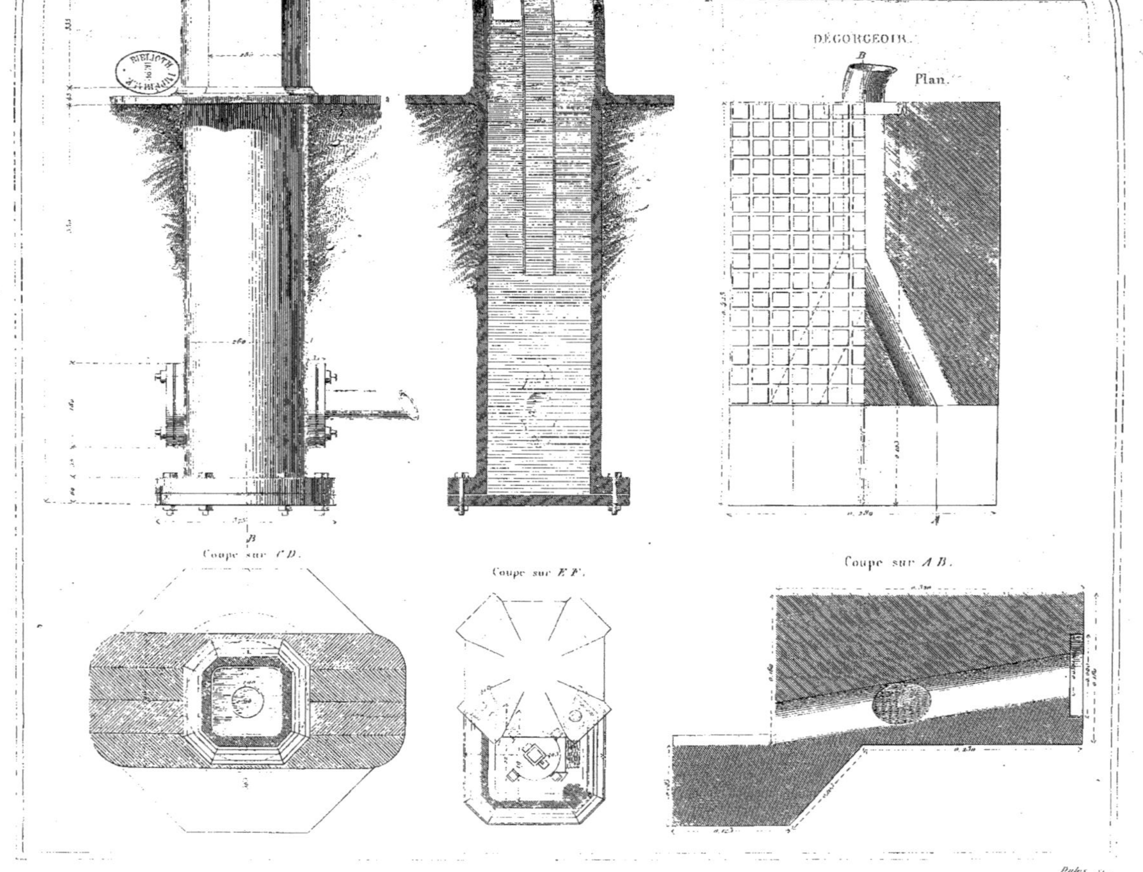

Échelles { 1 au 10ᵉ pour le poteau d'arrosement.
{ 1 au 5ᵉ pour la bouche d'eau et le dégorgeoir.

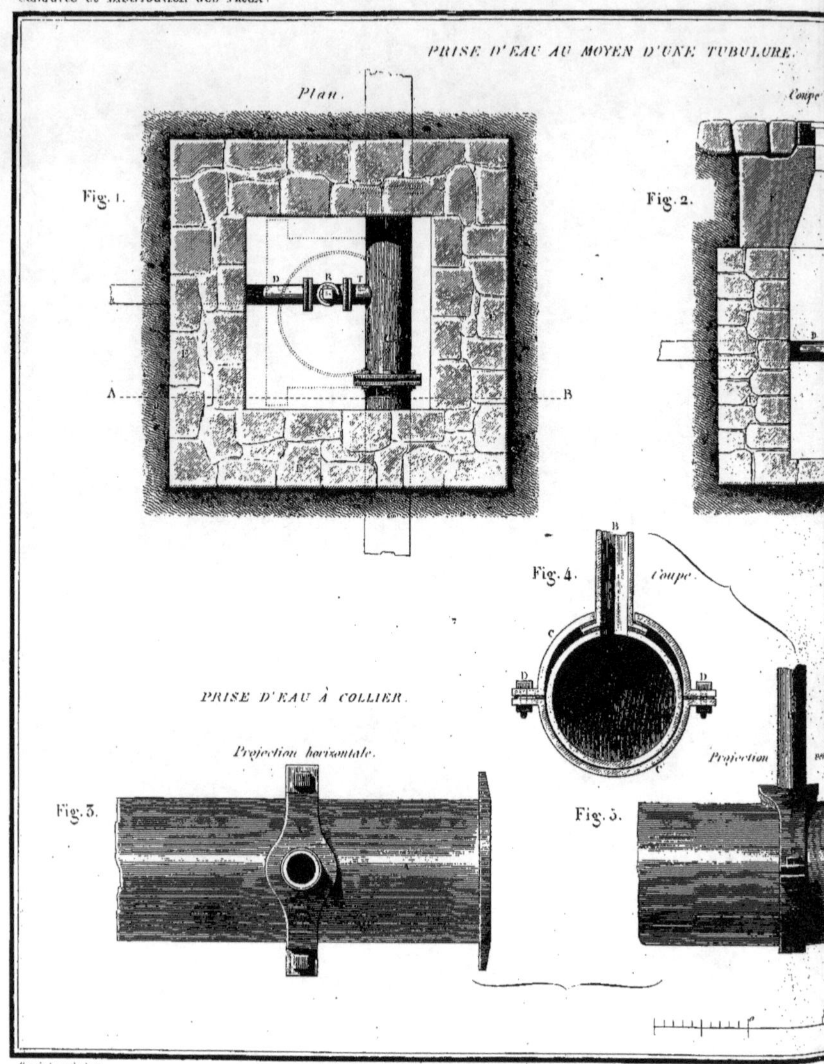

Dessiné par Genique.

Planche. 35

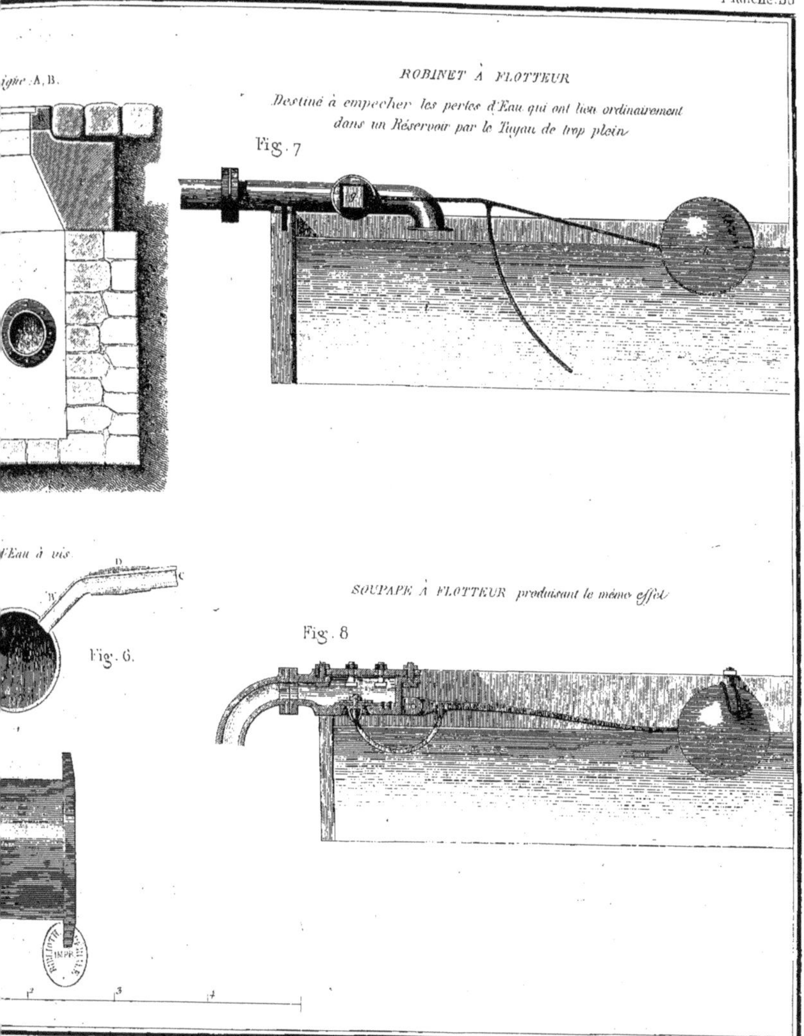

Gravé par Adam.

PLAN GÉNÉRAL DES RÉSERVOIRS
de la Rue St. Victor.

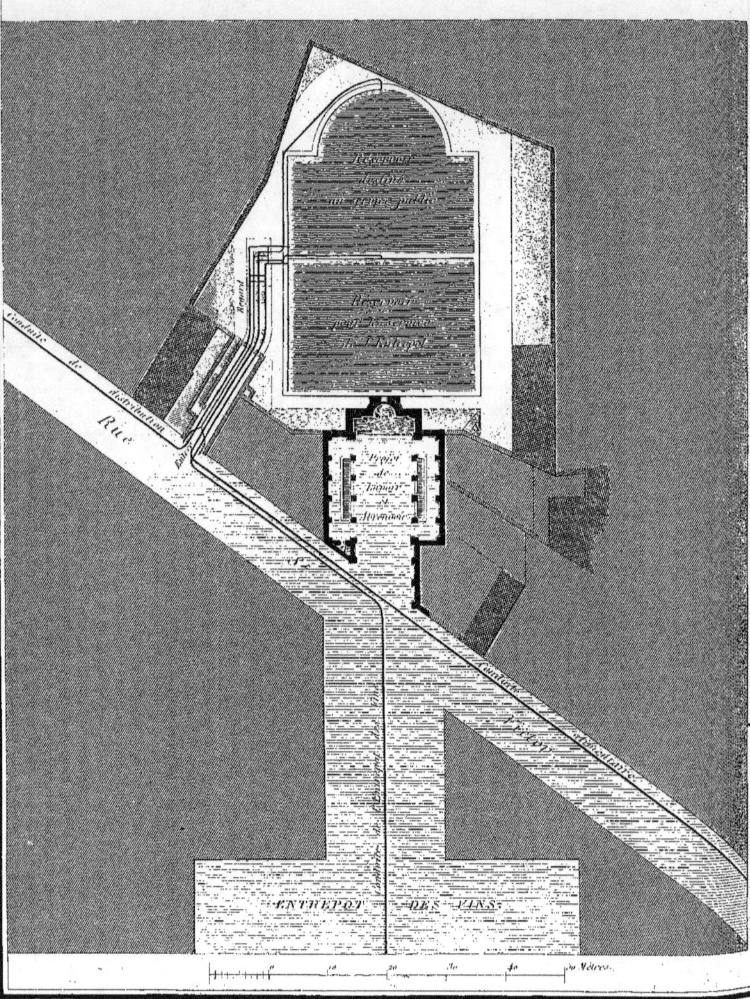

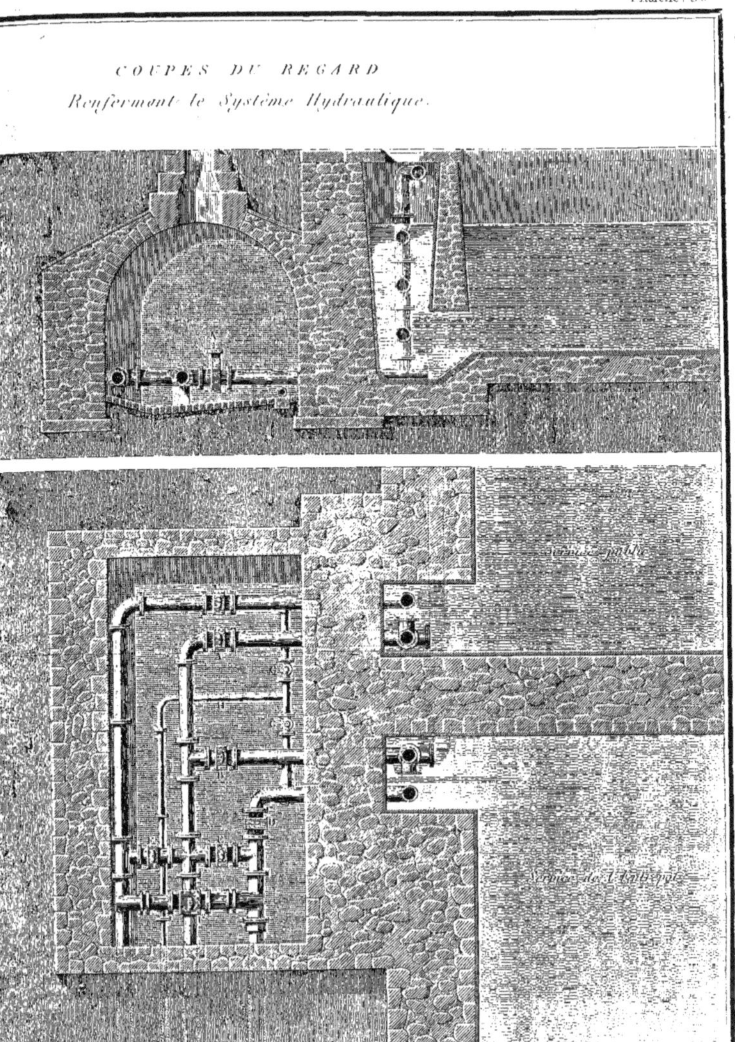
COUPES DU REGARD
Renfermant le Système Hydraulique.
1 2 3 4 5 6 7 8 9 10 Mètres

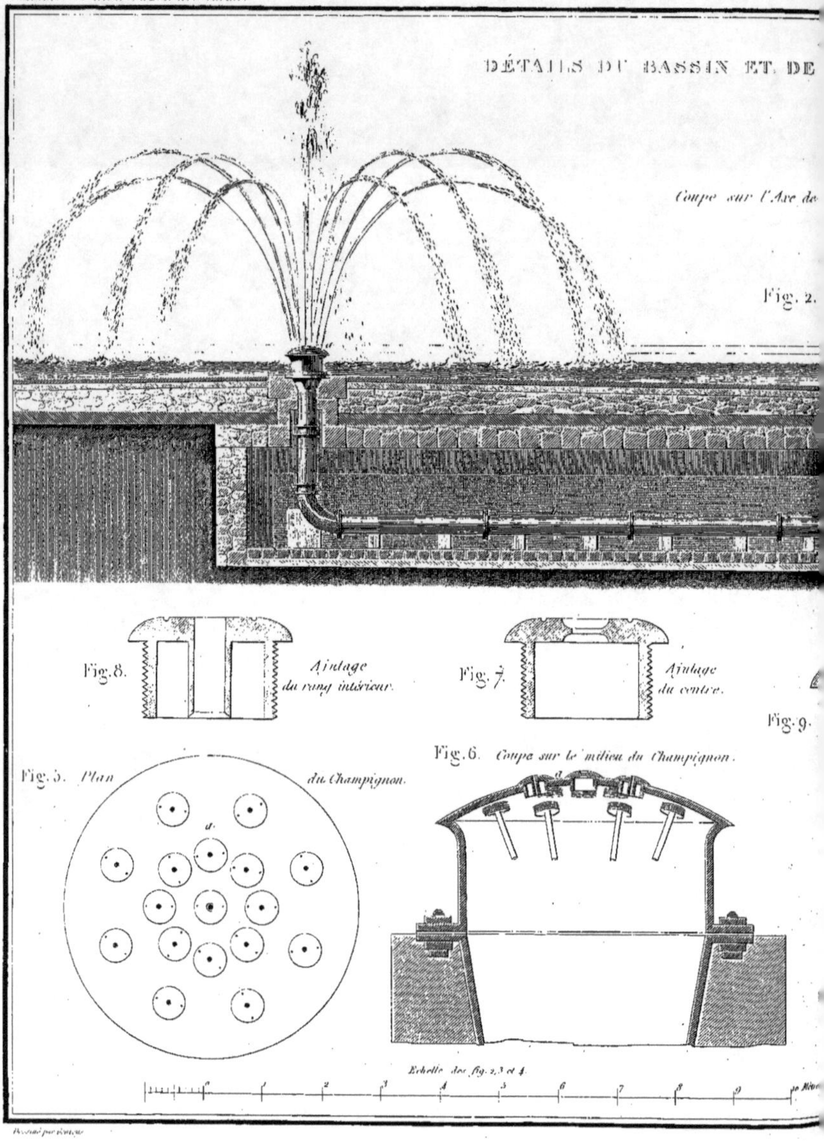

DÉTAILS DU BASSIN ET DE
Coupe sur l'Axe de
Fig. 2.
Fig. 8.
Ajutage du rang intérieur.
Fig. 7.
Ajutage du centre.
Fig. 9.
Fig. 6. Coupe sur le milieu du Champignon.
a
Fig. 5. Plan du Champignon.
a
Echelle des fig. 2, 3 et 4.
0 1 2 3 4 5 6 7 8 9 10 Mètr

Dessiné par

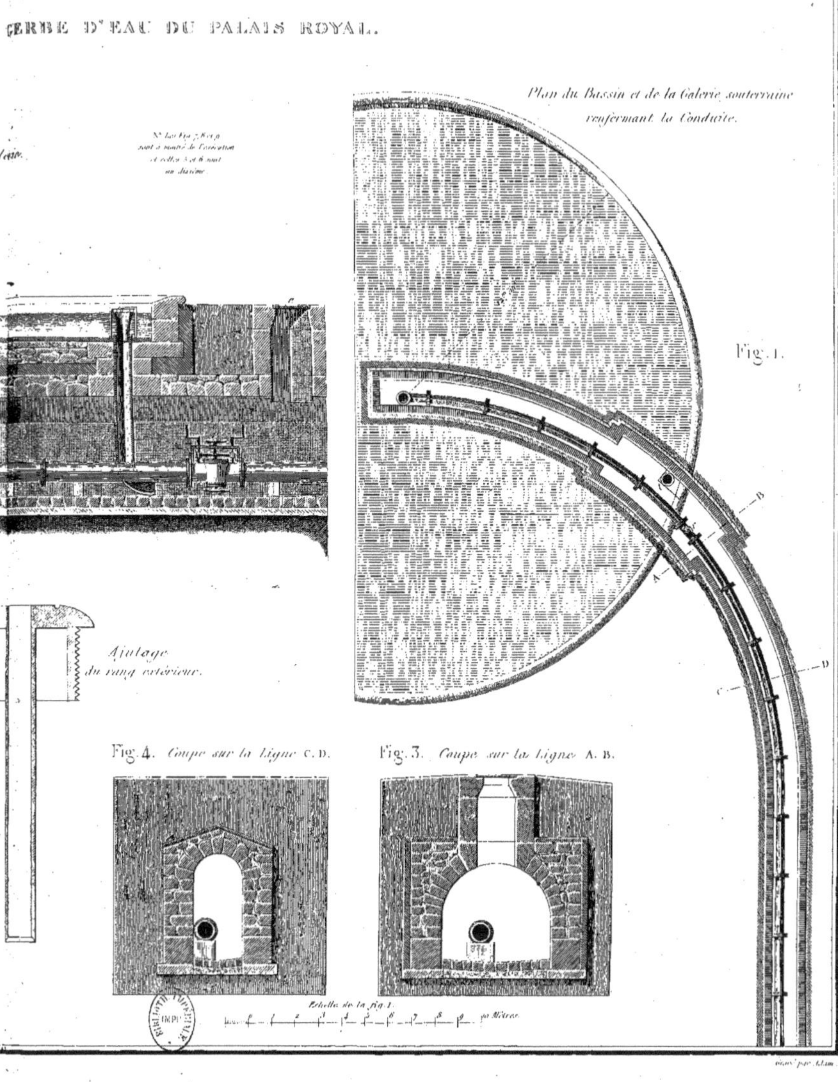
GERBE D'EAU DU PALAIS ROYAL.
Plan du Bassin et de la Galerie souterraine renfermant la Conduite.
Fig. 1.
Ajutage du rang extérieur.
Fig. 4. Coupe sur la Ligne C. D.
Fig. 3. Coupe sur la Ligne A. B.
Echelle de la fig. 1.
10 Mètres.

TRACÉ GÉNÉRAL DES CONDUITES DES QUATRE FONTAINES DE LA PLACE ROYALE

Fig. 1.

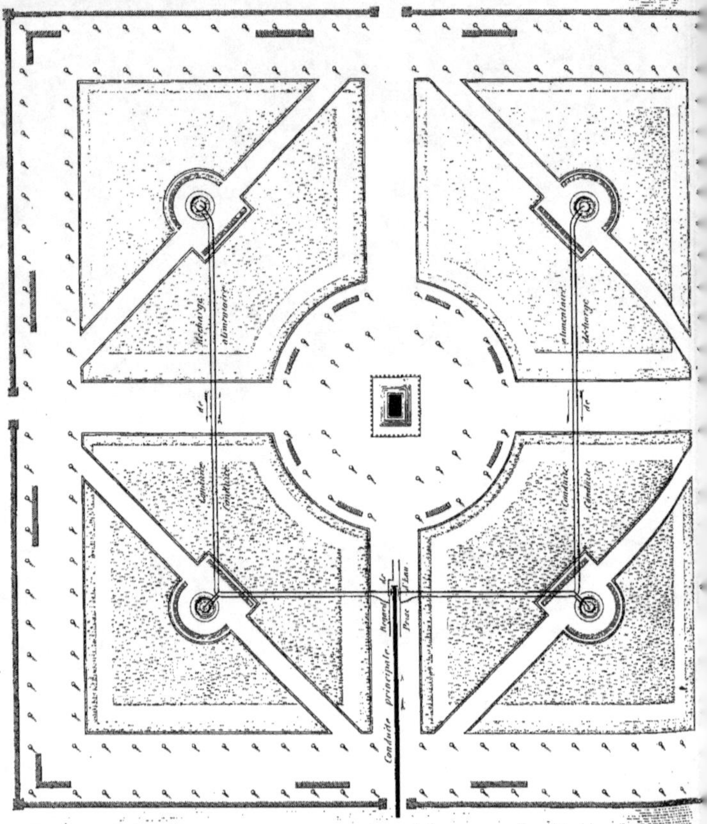

Planche. 38

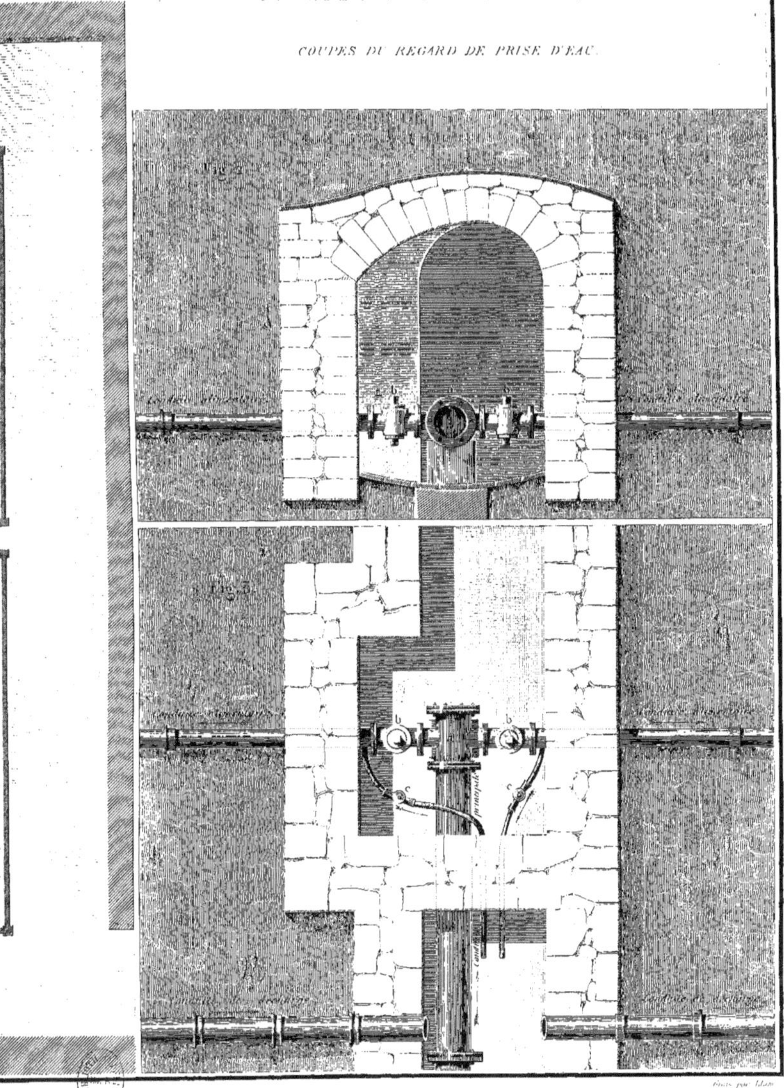

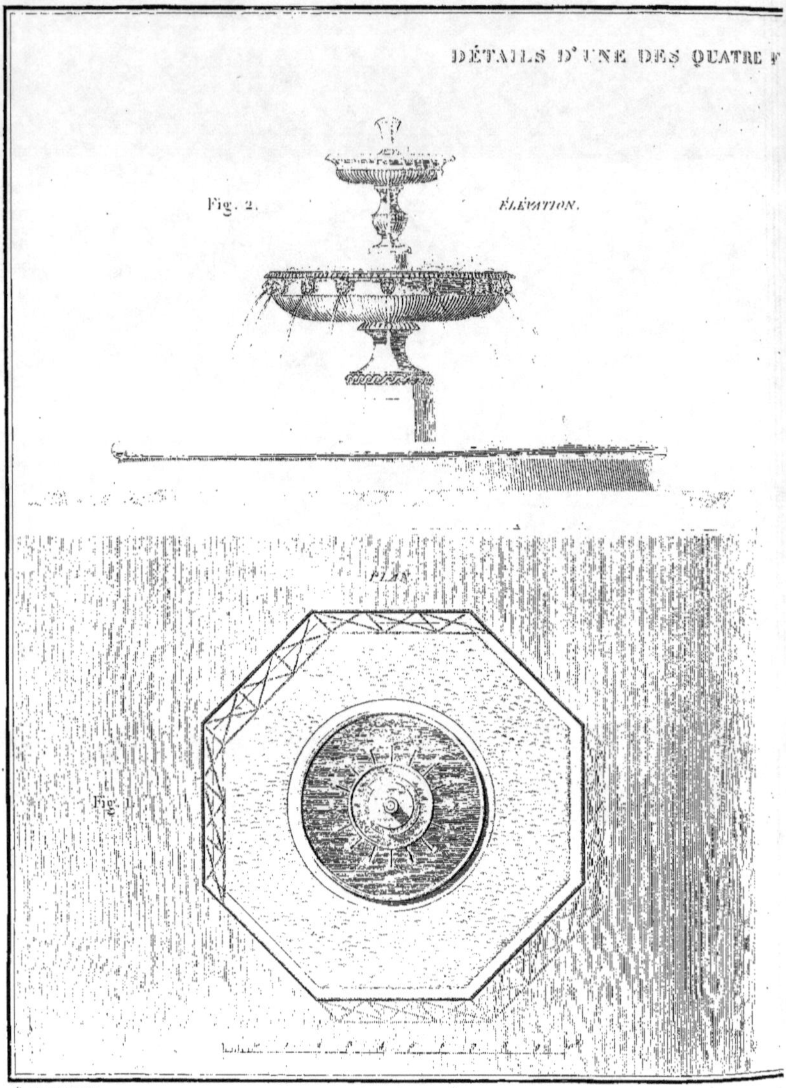

DÉTAILS D'UNE DES QUATRE F

Fig. 2. ÉLÉVATION.

PLAN.

Fig. 1.

NTAINES DE LA PLACE ROYALE.

Fig. 3. COUPE sur la Ligne AB.

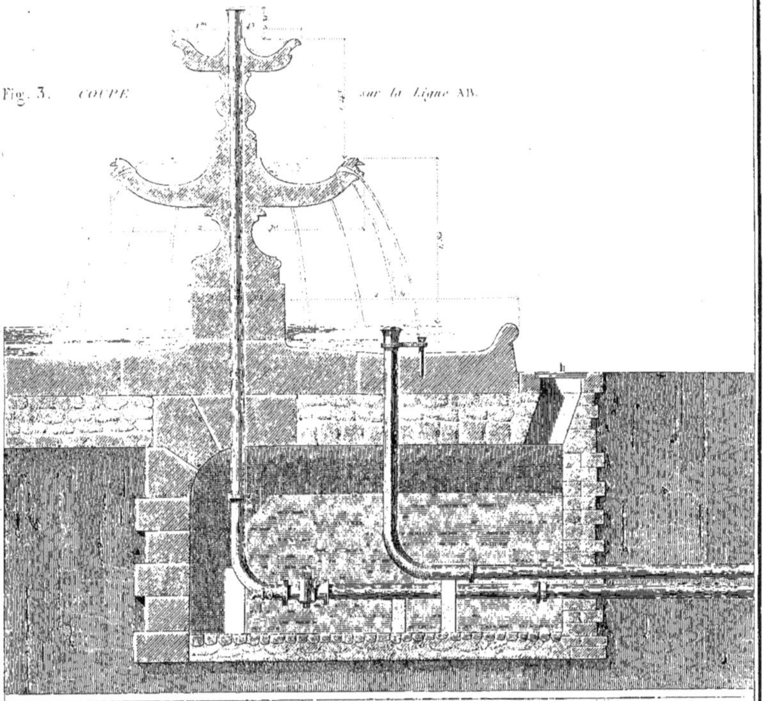

Plan du Regard.

Fig. 4.

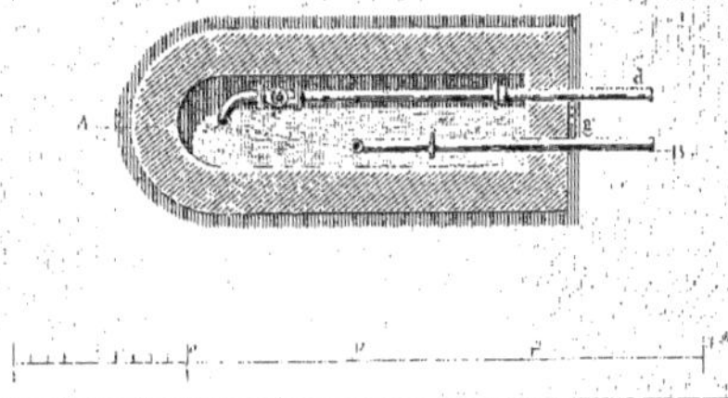

Gravé par Adam.

Conduite et Distribution des Eaux.

Dessiné par Gemigs

BOULEVART BONDY.

DU PLAN

Boulevart

Rue de Bondy

Gravé par Adam.

PLAN DES FONDATIONS.

0 1 2 3 4 5 6 7 8 9 10^{M}

Dessiné par Gourcy

Planche. 41.

Gravé par Adam.

COUPE DU CHÂTEAU D'EA

prise sur la Ligne A B

Dessiné par [illegible]

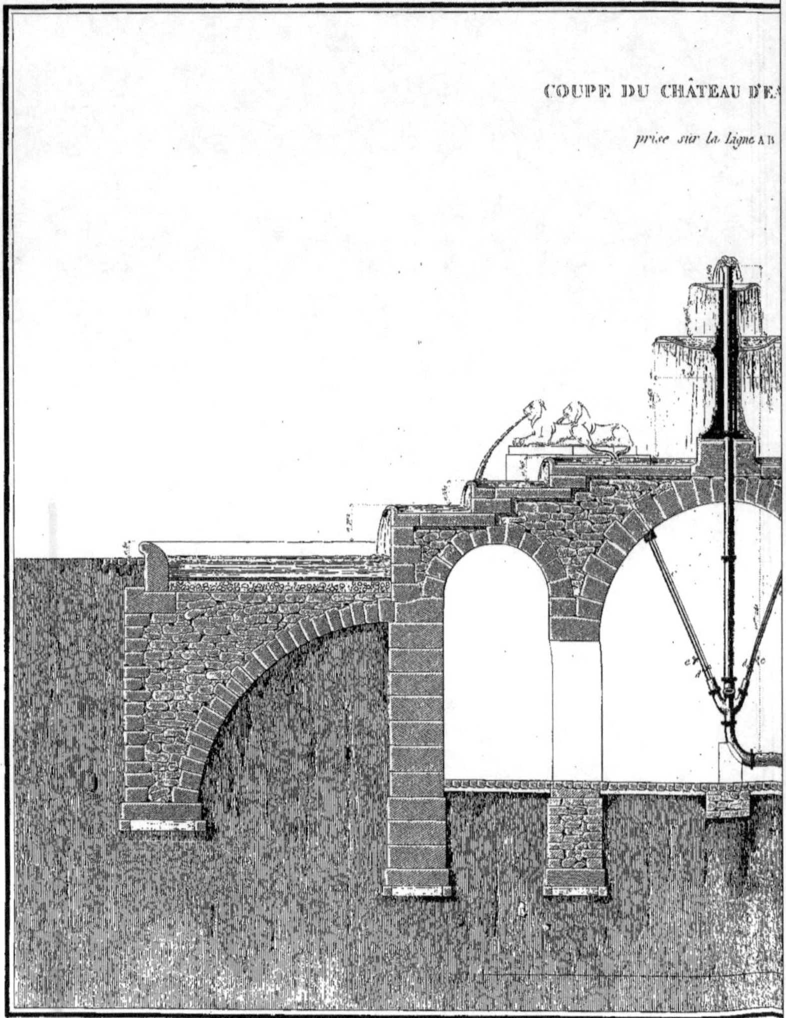

COUPE DU CHÂTEAU D'EA

prise sur la Ligne A B

Dessiné par Gaucque

AU DU BOULEVART BONDY.

du Plan des fondations.

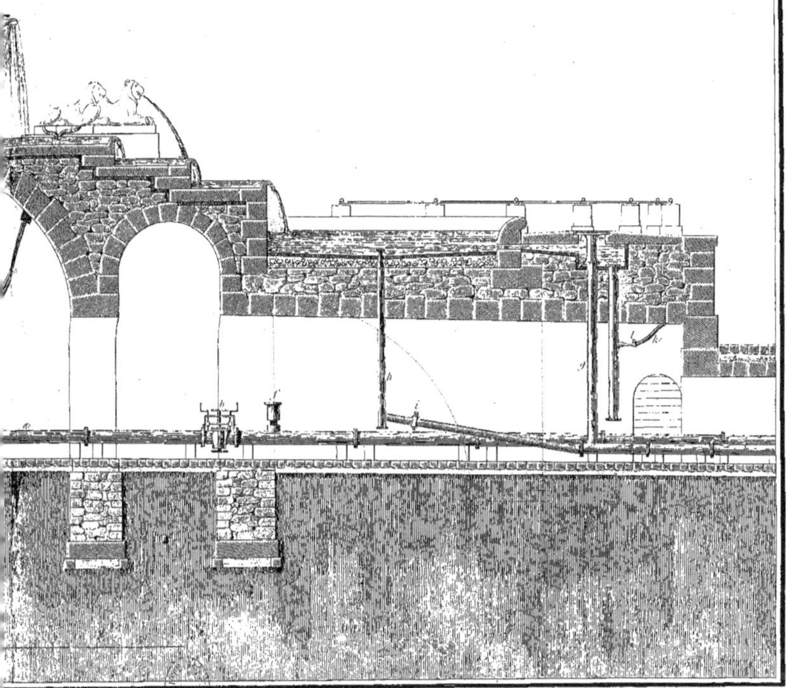

Gravé par Adam

NOUVELLE FONT

Fig. 2. *ÉLÉVATION.*

Dessiné par [illegible]

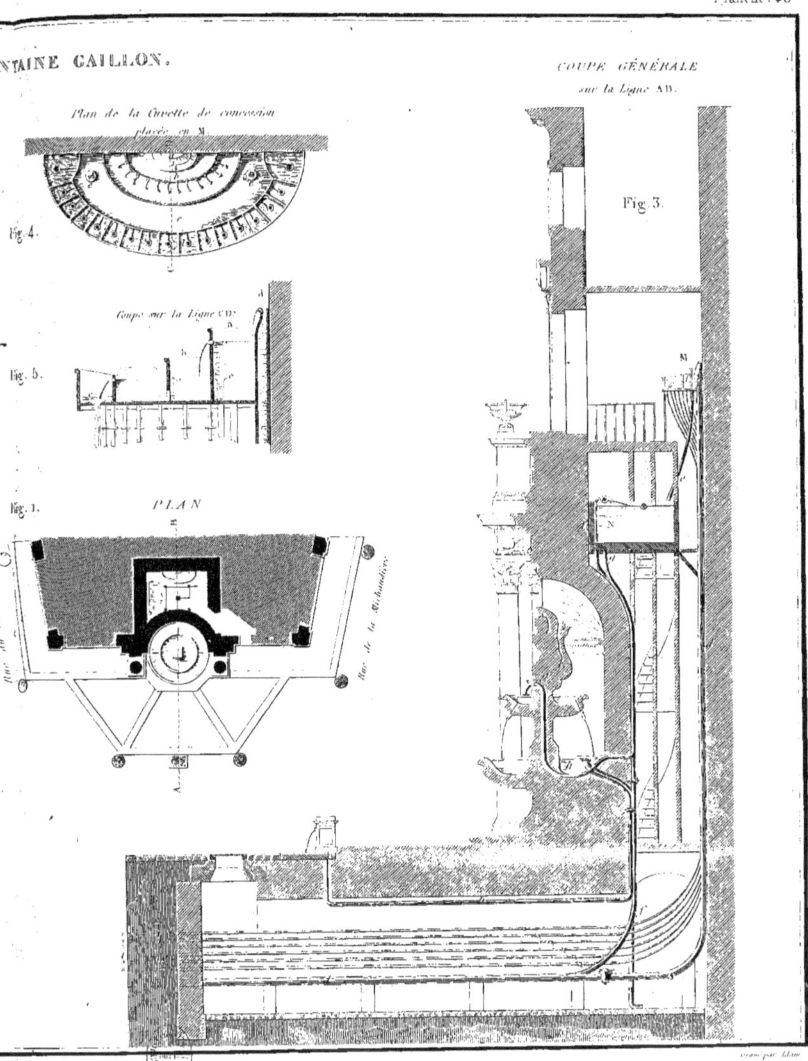
NTAINE GAILLON.
COUPE GÉNÉRALE
sur la Ligne AB.
Plan de la Cuvette de concession
placée en M.
Fig. 4.
Coupe sur la Ligne CD.
Fig. 5.
Fig. 3.
Fig. 1.
PLAN
Rue de la Michaudière
M
N

Conduite et Distribution des Eaux.

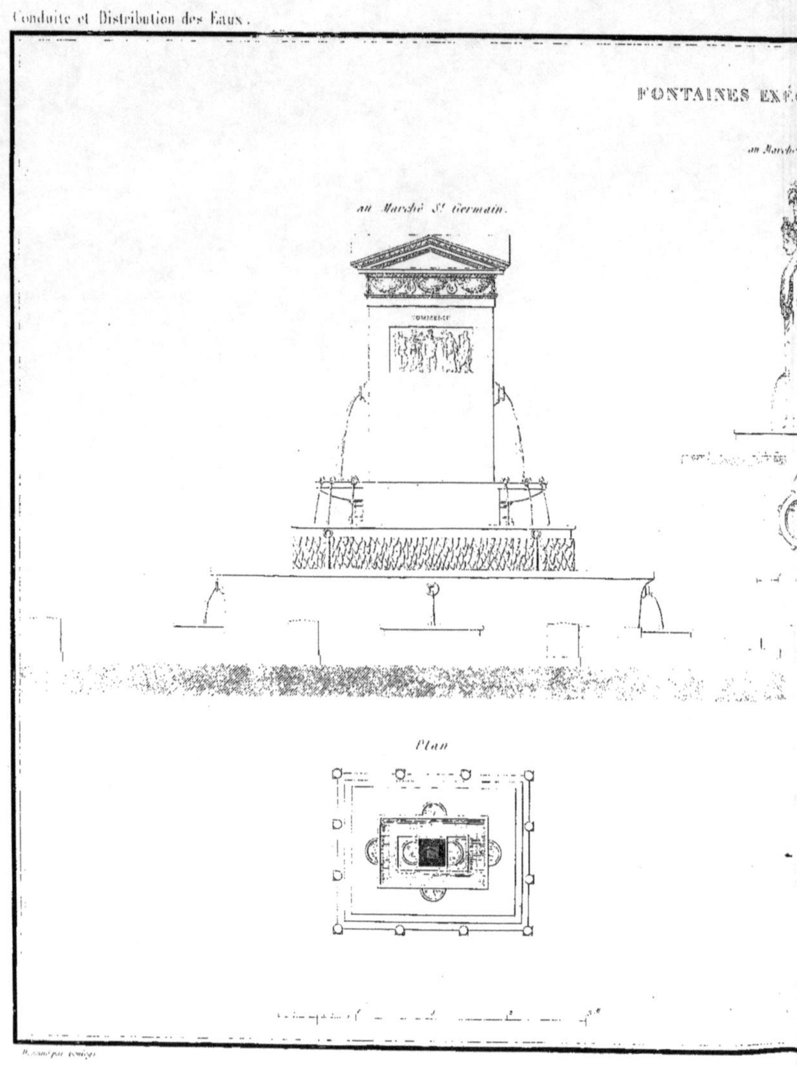

Planche . 44

CUTÉES À PARIS

t des Carmes.

Plan

sur la Place St Georges.

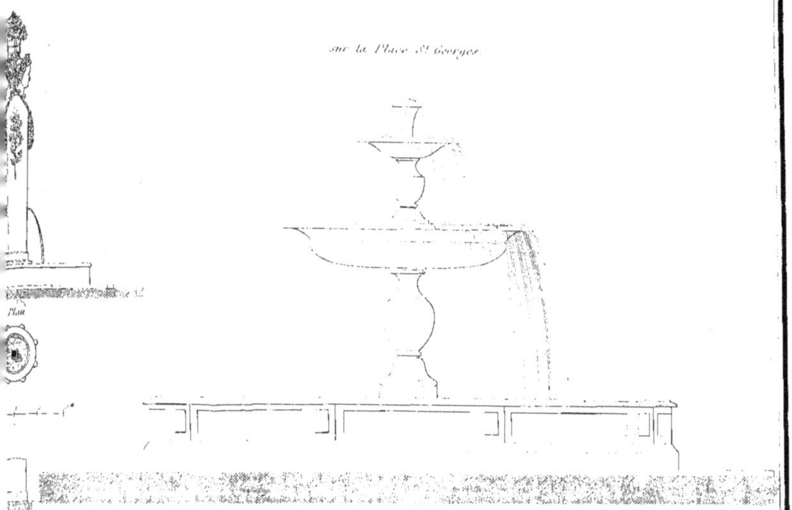

Plan

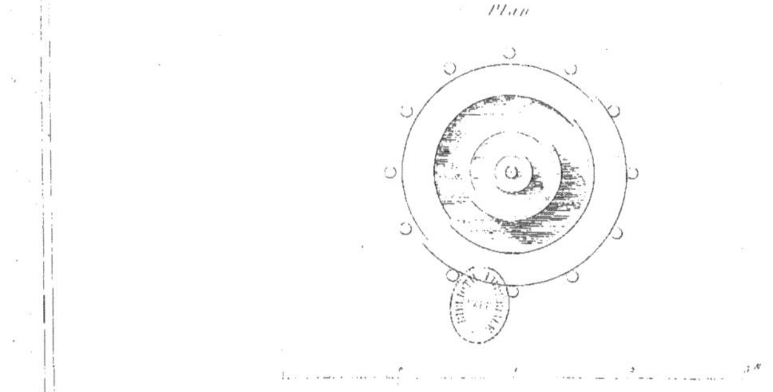

Les deux Grandes Fontaines de la Place de la Co

Élévation.

Echelle de 1 2 3 4 5 6 7 8 mètres

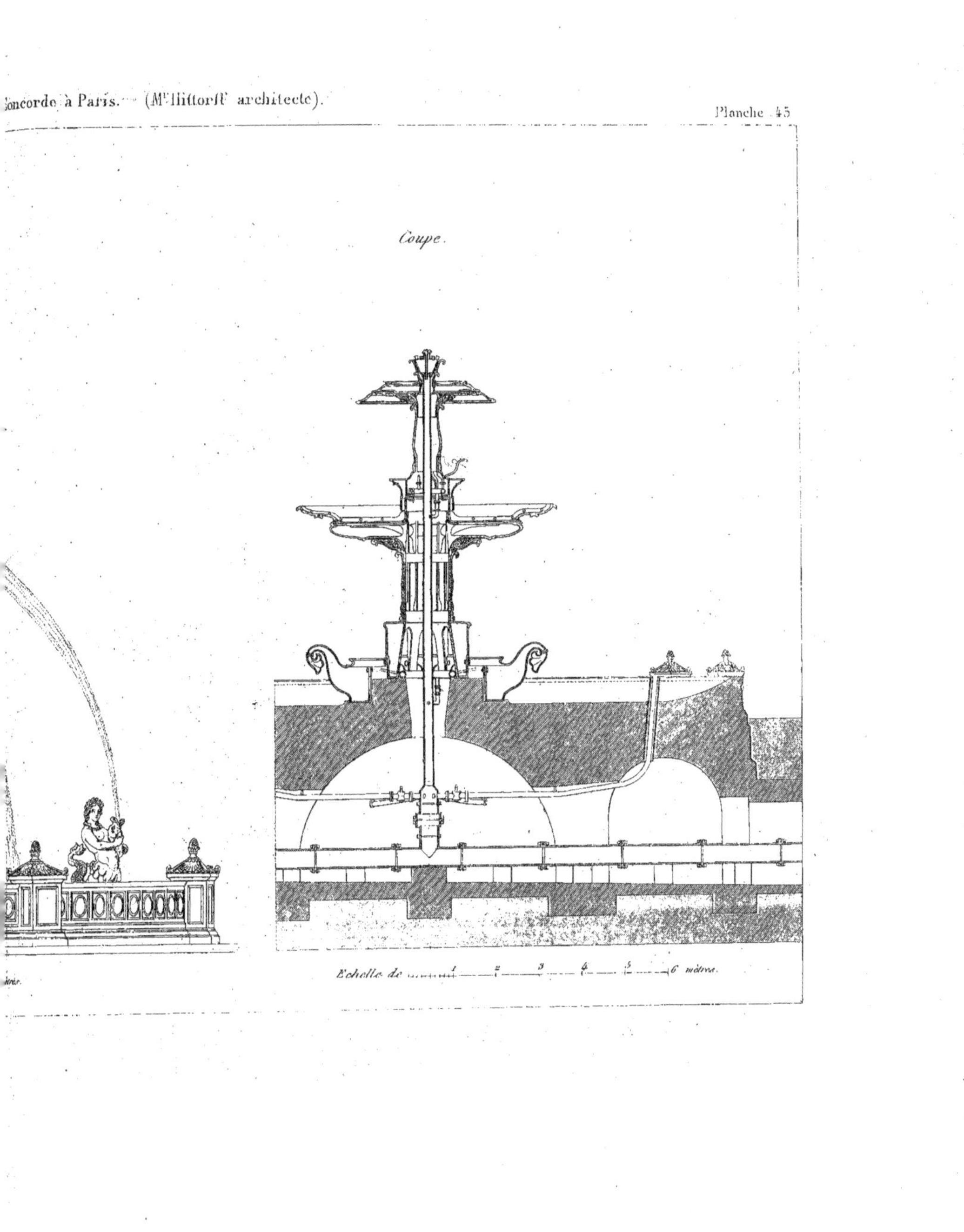
Concorde à Paris. — (Mr Hittorff architecte).
Planche 45
Coupe.
Echelle de 1 2 3 4 5 6 mètres.

Fontaines placées dans les quinconces des

Fontaine des Quatre Saisons.

Carré Marigny.

Echelle de

Fontaine de Venus.

Carré des Ambassadeurs.

2 3 4 mètres

Fontaine placée dans un des quinconces des Champs Élysées. (Mr Hittorff architecte).

Fontaine de l'Élysée.

Carré de l'Élysée.

Echelle de 1 2 3 4 *mètres.*

Fontaine de la Place Richelieu. (Mr Visconti architecte).

Planche . 47

Elévation.

Place Richelieu.

Echelle de 1 2 3 4 5 6 7 8 *mètres.*

www.ingramcontent.com/pod-product-compliance
Lightning Source LLC
LaVergne TN
LVHW020606230826
846091LV00002B/615

* 9 7 8 2 0 1 9 6 3 2 4 6 5 *